JN095904

シリーズ「遺跡を学ぶ」164

東大寺大仏になった銅
長登銅山跡

池田善文

新泉社

東大寺大仏になった銅
―長登銅山跡―

池田善文

【目次】

編集委員
勅使河原彰（代表）
小野　昭
小野正敏
石川日出志
小澤　毅
佐々木憲一

装　幀　新谷雅宣
本文図版　松澤利絵

第1章　大仏鋳造に使われた銅

1　大仏造立時の銅はどこから

大仏に長登銅山の銅が！

それはいまから三五年前、一九八八年二月二三日のことだった。当時、山口県美東町（現・美祢市）役場税務課に勤務していた私は、町役場二階の大会議室で確定申告の相談業務に忙殺されていた。そこにＮＨＫ奈良放送局の毛利和雄記者から電話があった。奈良東大寺の発掘調査で、大仏をつくった銅にそちら美東町にある長登銅山産の銅が使われていることが判明したので取材したい、現地を案内してほしいとの依頼であった。

突然の吉報、いや衝撃に、ただ呆然としていた記憶がある。つづけて、解禁日時が決められているので三月二〇日までは口外無用とのことであった。三月二日には、発掘を担当している奈良県立橿原考古学研究所の中井一夫氏から電話があり、銅塊の化学分析による結果、判明したことを正式に知らされた。

その後、一カ月近く誰にも話せずただ悶々とした日々を過ごし、三月一九日夕刻のテレビニュース、そして二〇日の新聞朝刊で、「東大寺大仏殿西廻廊西隣りの発掘調査」が報道された（**図1**）。新聞はいずれも第一面で大きくとりあげられ、大仏造立当時の様子、とくに木簡が多く出土して、「釜破中□□」（溶解炉の破損）、「右四竃卅斤」（炉に投入する銅の重量約二〇キログラム）などの大仏鋳造の生々しい記録の紹介とともに、大仏の銅の産地は山口・長登銅山と特定できたと発表された。長登銅山が一躍全国に知られることになったのである。

現在の東大寺大仏（**図2**）は鎌倉、江戸時代に大幅に

大仏建立時の資料、東大寺で出土

多数の木簡や溶銅塊

光明皇后の尽力裏付け

使用銅は山口産　成分同じ

仏教文化が花開いた天平時代（八世紀）に造られ、「奈良の大仏」として親しまれている東大寺（奈良市雑司町）の国宝・銅造盧舎那仏（るしゃなぶつ）座像の建立に、聖武天皇の夫人、光明皇后が物心両面から深くかかわっていたことを裏付ける木簡が、境内の発掘で見つかり、十九日、奈良県立橿原考古学研究所が発表した。大仏鋳造に使った溶銅塊や、谷を埋めて大規模な造成工事をした跡をくっきりと見せる地層も現れた。聖武天皇が「国銅を尽くして像を鎔（とか）し、大山を削って堂を構える」（続日本紀、八世紀末）と、大号令を発した壮大な大仏建立の様子をほうふつさせる発見となった。　（22面に関係記事）

現場は、大仏殿南西の西回廊わき傾斜地。休憩所を建てるため、約八百平方㍍を発掘した。地表から深さ約九㍍の奈良時代の地層から溶銅塊数十点とともに、木簡二百二十六点などが見つかった。続日本紀と東大寺の寺誌「東大寺要録」（十二世紀初め）に大仏建立の様子は記録されているが、それを裏付ける物が出てきたのは初めて。

解読できた木簡は約百点。このうち、縦四十八㌢、横四・三㌢とりわけ大きい木簡の表には「薬院依仕奉人（やくいんによりつかえたてまつるひと）」とあった。その下に、男性二人の名前と、「肥後国菊地郡」と、出身地らしい地名が書かれていた。裏には、「悲田　悲□院」の文字も読めた。薬院は当時の医療機関、施薬院。悲田は福祉施設の悲田院をさし、ともに光明皇后が天平二年（七三〇）につくっている。木簡は、施薬院から大仏建立の現場に派遣された看護人らの身分証明書らしい。

上質の銅一万　千二百二十斤（約七・六㌧）を「宮」に請求する木簡もあった。宮は皇后宮を指すとみられ、光明皇后が実家の藤原氏の財力を背景にかなりの量の銅を供出、経済的にも、人的にも大仏建立を支えたことをうかがわせる。

このほか「右四竃（かまど）卅（三十）斤」などと、書いた同種の木簡が十四点あった。竃は溶解炉、「右四」は大仏の右側から四番目に置かれたことを示すらしい。「投　度」（一度に投げる）との注釈もあり、斤量は炉に入れる銅の単位とも読める。炉の数を示す文献はなく、解明の手がかりが得られたという。

大きい溶銅塊は直径約二十㌢、厚さ約十五㌢で、他は握りこぶし大。成分分析では銅九〇・三％、ヒ素三・二％、銀〇・二％。奈良の大仏は鎌倉、江戸時代に大幅に補修されているが、創建当初の姿が残る腰から下とほぼ同じ成分比で、天平の銅塊とわかった。炭と炉壁らしい土がまじり、銅を溶解中に炉が壊れ、地上に流れ出て固まったものらしい。

山口県・美東町にある奈良時代の長登（ながのぼり）銅山の銅鉱石と成分が似ており、初めて鋳造銅の産地の一つがほぼ特定できたという。

地層は、一番下に木簡が出土した自然たい積土（厚さ約三十

奈良の大仏　像高は十四・八㍍、仏体の重量約二百五十㌧。鋳造表面積約一千平方㍍は世界最大。中国・洛陽郊外の竜門にある奉先寺の像高約十三㍍の盧舎那大石仏（七世紀後半）を見聞した遣唐使が、その姿を聖武天皇に伝えたことが、大仏建立の背景にある。

溶銅塊や木簡が出土した発掘現場＝奈良・東大寺境内で朝日新聞社機から

「薬院依仕奉人」と読める木簡の表

「悲田　悲□院」と読める木簡の裏

図1 ● 大仏の銅が長登銅山産であることを伝える新聞

東大寺は谷を埋めて広大な境内となったが、その谷を徹底的に発掘し、創建時の遺物を発見した中井一夫氏の功績は大である（朝日新聞1988年3月20日）。

補修されていて、造立当初の部分は腰から下の一部でしかない。そのためこのときの発掘調査で、地表から約九メートル下の奈良時代の地層から木簡二百数十点とともにみつかった溶銅塊数十点は、造立時の大仏の素材を解明するものとして注目された。

出土した溶銅塊は大きいもので直径約二〇センチ、厚さ一五センチで、そのほかは握りこぶし大だったという。この溶銅塊を化学分析した三宝伸銅工業の社長で古代金属研究者の久野雄一郎氏は、以前分析したことがある長登銅山跡出土のカラミ（製錬時にでる滓、鉱滓。金クソともよばれる）と比較し、砒素の含有率が高いことや銀を多く含むこと、鉛同位体比の値が近いことなどから、大仏の銅は長登銅山産と特定されたのである。

図2●東大寺大仏
745年（天平17）に制作が開始され、752年（天平勝宝4）開眼供養会がおこなわれた。造立当時から現在まで残るのはごく一部。現高14.98m。造立時に使用された銅は推定496tで、長登銅山産だけではないであろう。

2　「奈良登」の伝説とかすかな証拠

「奈良登」の伝説

このニュースに、地元の美東町は騒然となった。しかし、じつは美東町では、東大寺大仏との関係は初耳ではなかった。長登銅山には、古くから「奈良の大仏の銅を産出した」という伝説があったのである。

江戸時代末期の長州藩の地誌『防長風土注進案』長登村の項には、つぎのように記されている。

「当村ハ金山所にて往古奈良の都大仏を鋳させらるゝ時大仏鋳立の地金として当地の銅弐百余駄貢かしめらる其恩賞として奈良登の地名を賜り、其比天領にて御制札にも奈良登銅山村とありし由言伝ふ、いつしか奈良を長と唱へ替たる訳詳ならす……」

「長登」は「奈良登り」が訛ったものだというのだ。しかし、中世末以前の古文書に、当地を「長登」とする記載はなく、たんなる伝説として扱われていた。

東大寺大仏と結びつけた伝説は、北は秋田県の尾去沢銅山、兵庫県の多田銀銅山、同生野銀山、同明延銅山、大分県の木浦鉱山など各地の銅山にあり、そうした話は伝説でしかないというイメージを定着させていた。とはいえ、平安時代に著された『東大寺要録』には、大仏の料銅は西国（四国）の銅を用いたとあることから、今後これらの地域に古代銅山遺跡が発見されるかもしれない。

積み重なる事実

一方で私たちは、この伝説がまったくの作り話ではないことを、少しずつ明らかにしていた。

一九七二年九月、私は美東町教育委員会の社会教育の職に就いたおり、町史編さんの一環として長登周辺の調査もおこなっていた。すると、長登集落の西の秋吉台東麓にある大切谷（**図3、図6・7も参照**）という場所にカラミが堆積しており、カラミが付着した土師器片がみつかったのだ。同時に採集した須恵器の坏蓋は奈良時代中ごろのものと推定され、山の斜面にはいくつかの坑道も残っていた。

そこで一九七五年には、確実な奈良時代の層と出土遺物をみつけるため、大切谷の山裾に一×二メートルの小さなトレンチを設定して試掘調査を実施した。しかし、地表下一・三メートルで湧水が著しくなり、出土遺物もないまま発掘を断念せざるをえなかった。土層断面各層の鉱滓・砂・土

図3 ● 大切谷（1973年ごろ）
背後の山は秋吉台東端の榧ケ葉（かやがは）山で、その山裾に大切谷が東西にのびている。遺物は中央のため池奥から採集した。

をサンプルとして採取して時が過ぎることとなる。

その二年後、一九七七年の初夏だったと記憶しているが、社団法人日本鉱業会の葉賀七三男（はがなみお）氏が来訪し、サンプリングしていた試料を化学分析するという新たな科学的調査の局面を迎えた。カラミの化学分析の結果、銅（Cu）の含有率は〇・五四パーセントであった。これには愕然とした。当時は、古代の製錬技術は未熟で、鉱石から銅成分をすべて抽出できず、カラミに銅の成分がまだ多く残っていると思われていたからだ。ところが、わずか一パーセントも残っていない。のちのち多くの化学分析に接することになるが、いずれの結果も高い抽出度を示し、古代の製錬技術力の高さを思い知ることになる。

一九八一年、新たな調査の機会が訪れた。山口県教育委員会が県内の生産遺跡の分布調査を開始したのである。これにより、美東町内の近世・近代の鉱山跡二五カ所（採掘坑一〇八カ所あまり）を踏査

図4●長登銅山に残る坑口跡（大切11号坑、図19参照）
径2ｍ、深さ14ｍの平安時代の竪坑。写真中央に石灰岩を掘り残した（つまりその周囲に鉱脈があった）岩軸がみえる。弘法大師が伝えたとされる「つるし掘り」の軸とみられる。

する機会に恵まれ、採掘坑の新旧の形態が把握できた。

そのころは、鉱山の採掘跡は再度、採掘がおこなわれるケースが多く、古い時代の遺構は壊されてしまっているという見方が大半であった。しかし、大切山に点在する坑口に何度も入坑をくり返すうちに、どうも古い時代のものだと感じるようになっていた。入口は小規模で、内部は鍾乳洞の部分に手掘りの箇所も散見し、ズリ（鉱石として利用されない廃石）も坑内に堆積しているのだ。

また、この県教委の調査の一環で久野雄一郎氏へ、一九七五年に出土したカラミの化学分析が依頼され、奇しくも、これが冒頭で述べた長登銅山と東大寺大仏が結びつく端緒となったのである。

開発の前に調査を

東大寺大仏殿西廻廊西隣の報道で伝説が科学的に実証された地元美東町は沸き立った。町民のふるさとに対する驚きと敬愛が一気に高揚したのである。そして、「大仏を建てよう」「観光開発を」などの議論が町内を飛びかった。

美東町議会は特別委員会を設けて種々調査・検討したが、結果的に開発は先送りとし、実態解明の調査が先決であるとの報告が採択された。観光開発熱が高揚するなかで、当時の松野栄治町長や町議会の英断は卓見であったと評価したい。

試掘調査は一九八八年の八月末の一週間でおこなうこととなった。一九七五年に試掘した地点の上手の平坦地に二×六メートルのトレンチを設定し、地表下一・五メートルで地山面（じやまめん）に達した。そこで白色粘土や炭灰（すばい）の充満した土坑がみつかった。奈良時代前半期の古い須恵器も出土し、「大家（おおやけ）」と記した墨書（ぼくしょ）土器が出土するなど大きな成果をえた。この墨書「大家」は、山口大学の八木充教授に釈読を依頼し、ＮＨＫ名古屋放送局から届いた赤外線カメラで判読された。役所施設の存在を推定する貴重な発見であった（**図5**）。

このような経過をへて、一九八九年度から本格的な発掘調査が開始され、以後、三〇年間にわたる調査・整備事業によって長登銅山が解明されてきた。次章から、発掘調査により明らかになった長登銅山の採鉱と製錬の遺構・遺物、当時の作業の様子をみていこう。

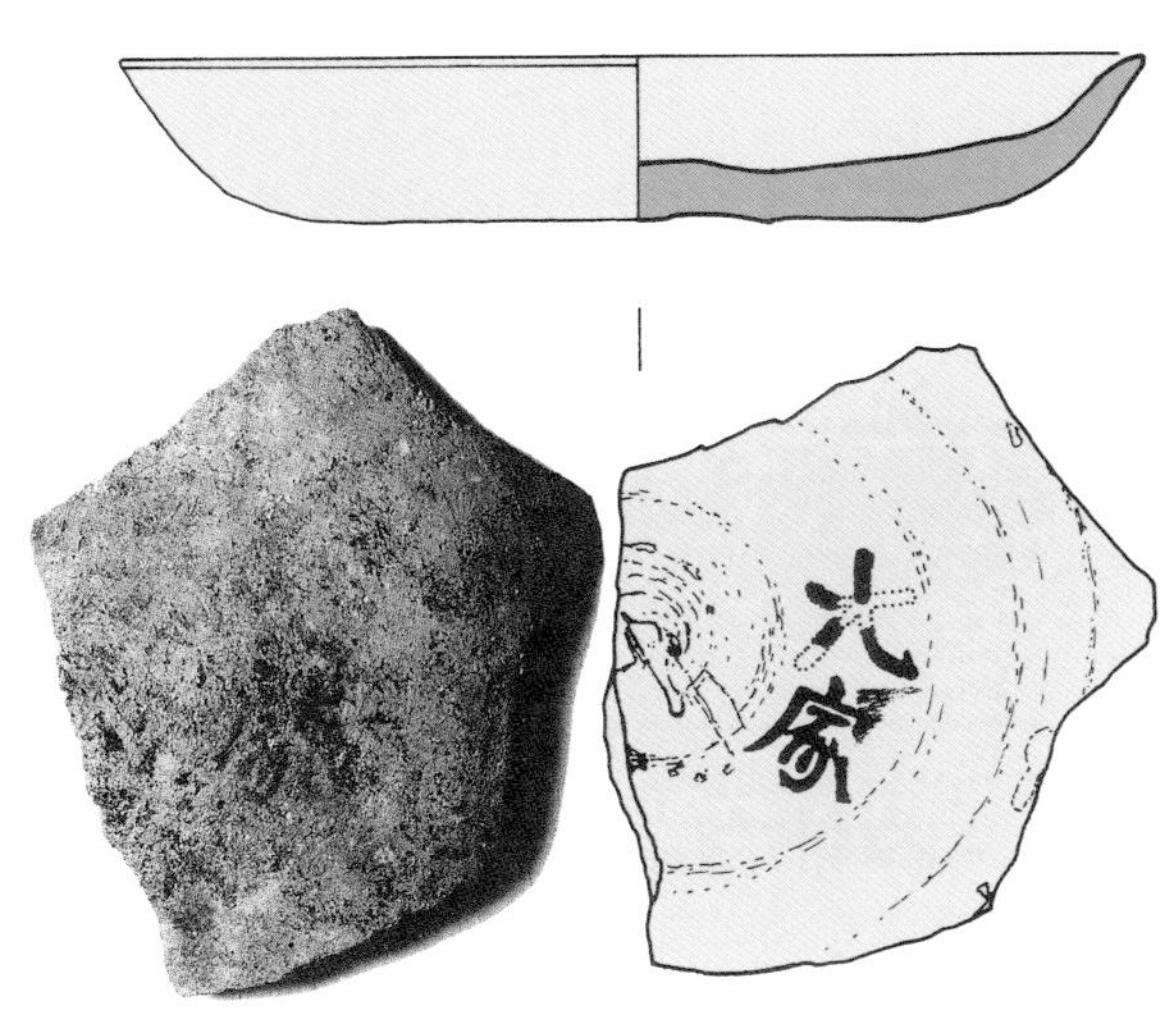

図5●「大家」と記された墨書土器
墨書はこの土器がどこのものであるかを記している。
「大家」（おおやけ）とは官衙の中心的建物をさす。

第2章　どのように採掘したのか

1　銅鉱床の生成

秋吉台の東南端

長登銅山は山口県美祢市美東町長登にあり、日本最大級の石灰岩台地である秋吉台の東南端にあたる（図6・7）。

山陽新幹線の新山口駅から、日本海側の東萩へ行くバスで北上すること約三〇分、美東町の中心地、大田中央にいたる。この大田中央の「道の駅みとう」から北方をのぞむと、長登銅山の山々を遠望することができる。バスはさらに大田市街から北側の西中国山地の山並みに入り、呑水峠を越えると、長登銅山入口のバス停に着く。

バスを降りて、道を左に折れ、平坦な市道を三〇〇メートルほど行くと、江戸時代の鉱山町の名残をとどめる長登集落に入る。そこからさらに左手に二〇〇メートル進むと、長登銅山文

図6 ● 長登銅山跡の景観
右手の平地が大切谷で、その後方に榧ケ葉山、さらに秋吉台の草原が広がる。左手の花の山は花崗斑岩が貫入した山で、花の山と石灰岩台地との接触地帯に鉱床が生成された。

化交流館（大仏ミュージアム）がある。古代長登銅山跡の入口である。

ここから西側は、標高三〇〇〜四〇〇メートルのなだらかな山々にかこまれた盆地状の谷間（大切谷）となり、その奥には古代の大切製錬遺跡が展開する。谷の手前左には明治・大正時代の花の山製錬所跡があり、山陰の鉱山王といわれた堀藤十郎が経営していた。谷の奥にそびえる榧ケ葉山の山頂付近には古代の露天掘跡がある。

長登銅山跡は、東西約一・六キロ、南北約二・三キロの範囲に、一八カ所の鉱山の跡と一三カ所の製錬所の跡が分布する。操業が盛んだったのは古代と中世末〜近世前期、明治〜昭和の三つの時期で、山中にはそれぞれの時代の遺構がよく保存されている（図7）。

本書では、そのなかで発掘調査がおこなわれ、国史跡となった古代の銅山跡をみていくことになる。奈良時代から平安時代にかけての鉱山は、大切谷とその西奥にある榧ケ葉山を中心に稼動していた。

この地になぜ銅鉱床ができたのか

長登の周辺に銅鉱床が数多くあるのは、秋吉台の地質と深く関係している。秋吉台の石灰岩は、およそ三億五〇〇〇万年前〜二億五〇〇〇万年前にできた赤道直下の珊瑚礁で、これが太平洋プレートにのって推定約一億五〇〇〇万年前ごろにアジア大陸の東縁に衝突し、石灰岩は海溝に沈み込むプレートから剝離して、大陸からもたらされた砂や粘土のなかに入り込んだ。それが地殻変動で陸地になったのが秋吉台だ（図8）。

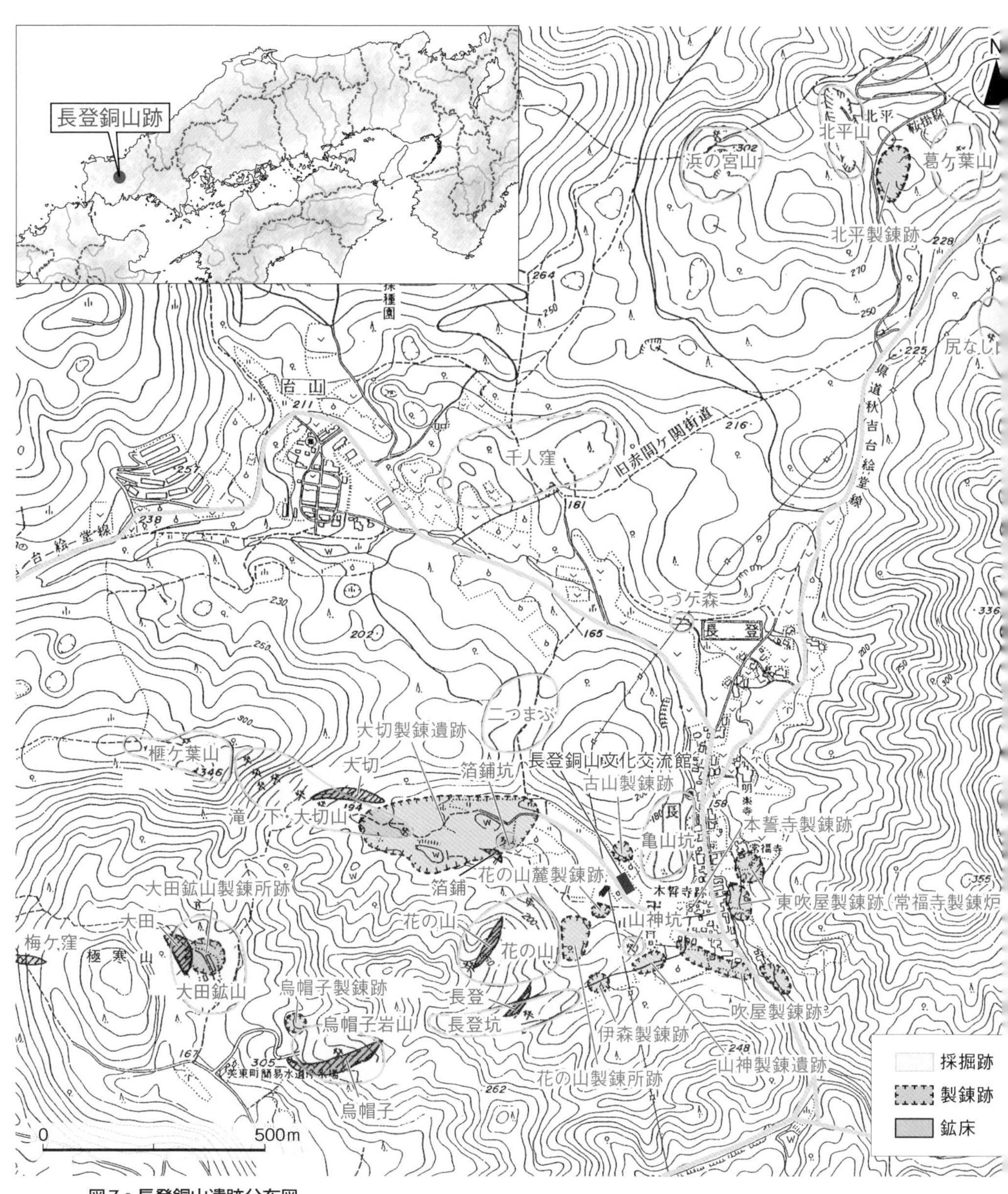

図7 ● 長登銅山遺跡分布図

長登銅山文化交流館から西側のエリアが古代の遺跡で、国史跡に指定されている。
なお現在は、県道秋吉台絵堂線東の山麓に小郡・萩道路が開通している。

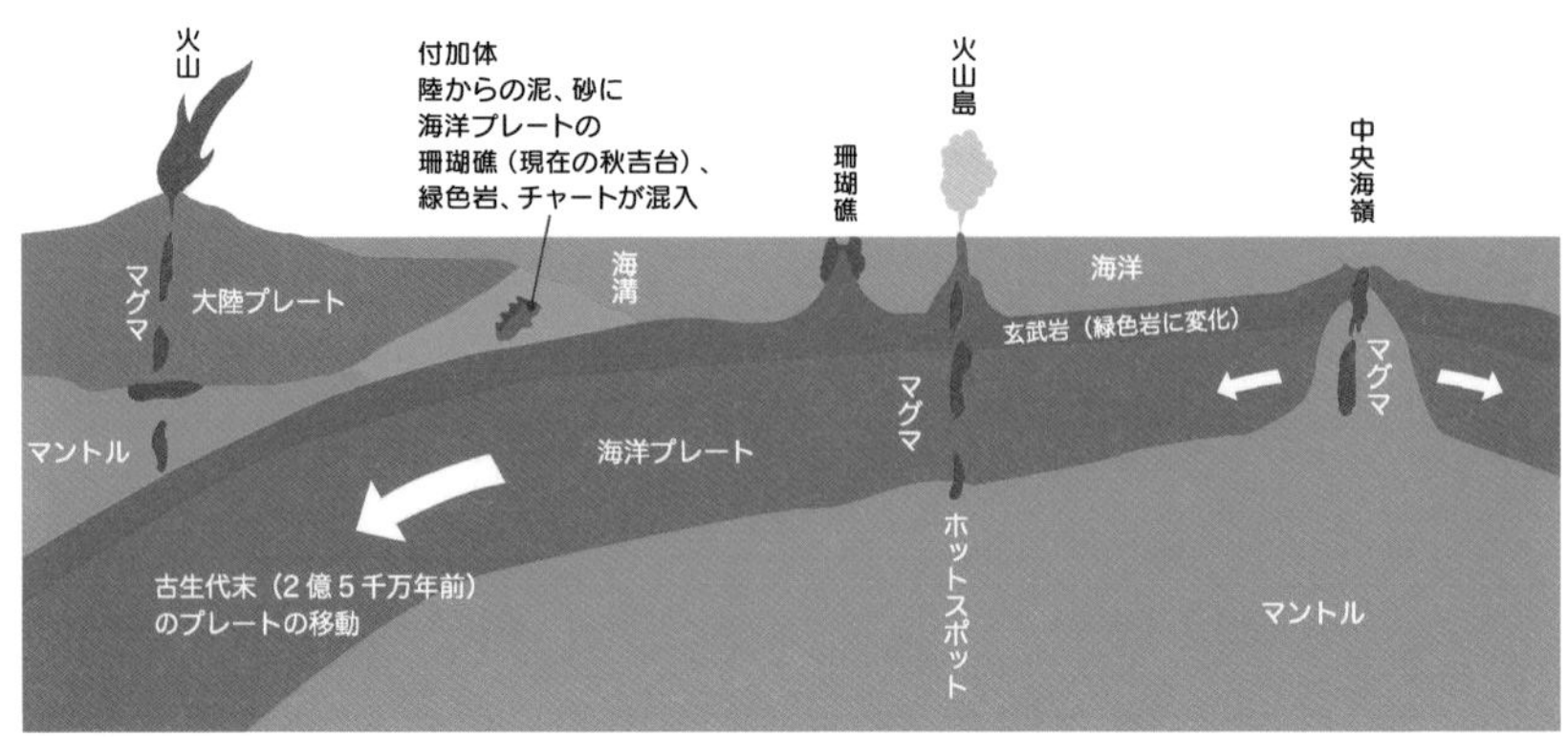

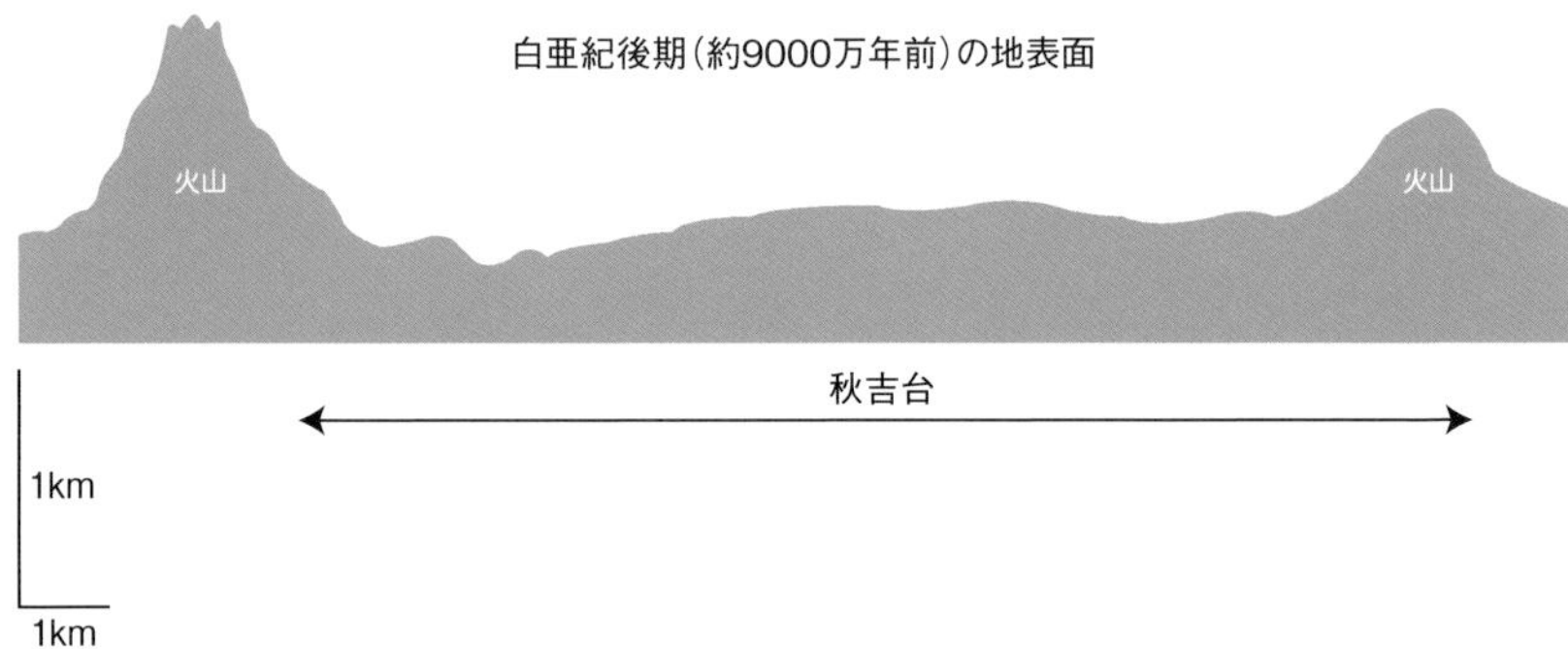

秋吉台石灰岩に花崗斑岩が貫入して長登銅鉱床が生成した

図8●秋吉台と長登銅鉱床の生い立ち（井澤英二作成）
上図の太平洋プレートは一年に7cm程度移動すると考えられている。また、下図の秋吉台には数カ所に小規模な熱水鉱床が貫入して大理石を形成している。長登銅山はその東端にある。なお、2019年に西端の於福（おふく）銅山跡で古代の製錬遺跡が発見され、発掘調査がおこなわれた。

この石灰岩台地に九〇〇〇万年前ごろ、地下から花崗斑岩（マグマ）が貫入し、その熱作用で石灰岩との接触部に鉱物が生成した。これが推定六〇〇万年前ごろに隆起して陸地となり、永い年月のあいだに風化浸食が進んで、銅と鉄を含む鉱床の露頭が形成された。

そして、地表近くの鉱物は永年の雨風の影響で分解され、鉄分は地表近くに酸化鉄（褐鉄鉱）として残り、銅の成分は地下に浸透して石灰岩の裂け目や洞窟などに酸化銅として堆積した。この堆積した二次鉱物は「孔雀石」「珪孔雀石」などとよばれている（**図9**）。それらは、銅成分が錆びて緑色になった部分が孔雀の羽の模様に似ていることからつけられた。

長登周辺では、大切谷の南にある標高三〇八メートルの花の山が石灰岩のなかに円錐状に貫

石灰岩中の孔雀石：榧ケ葉山で採集。石灰岩の割れ目に２次堆積したもので、白い岩肌に緑青色が映える。

珪孔雀石：大切・滝ノ下山で採集。いまでも旧坑内で散見できる。顔料「瀧ノ下緑青」の原石となった。

柘榴石（ざくろいし）：坑内の発掘調査で出土。銅をあまり含んでいないのでとり残したものだろう。

図9●孔雀石ほか長登銅山の鉱石

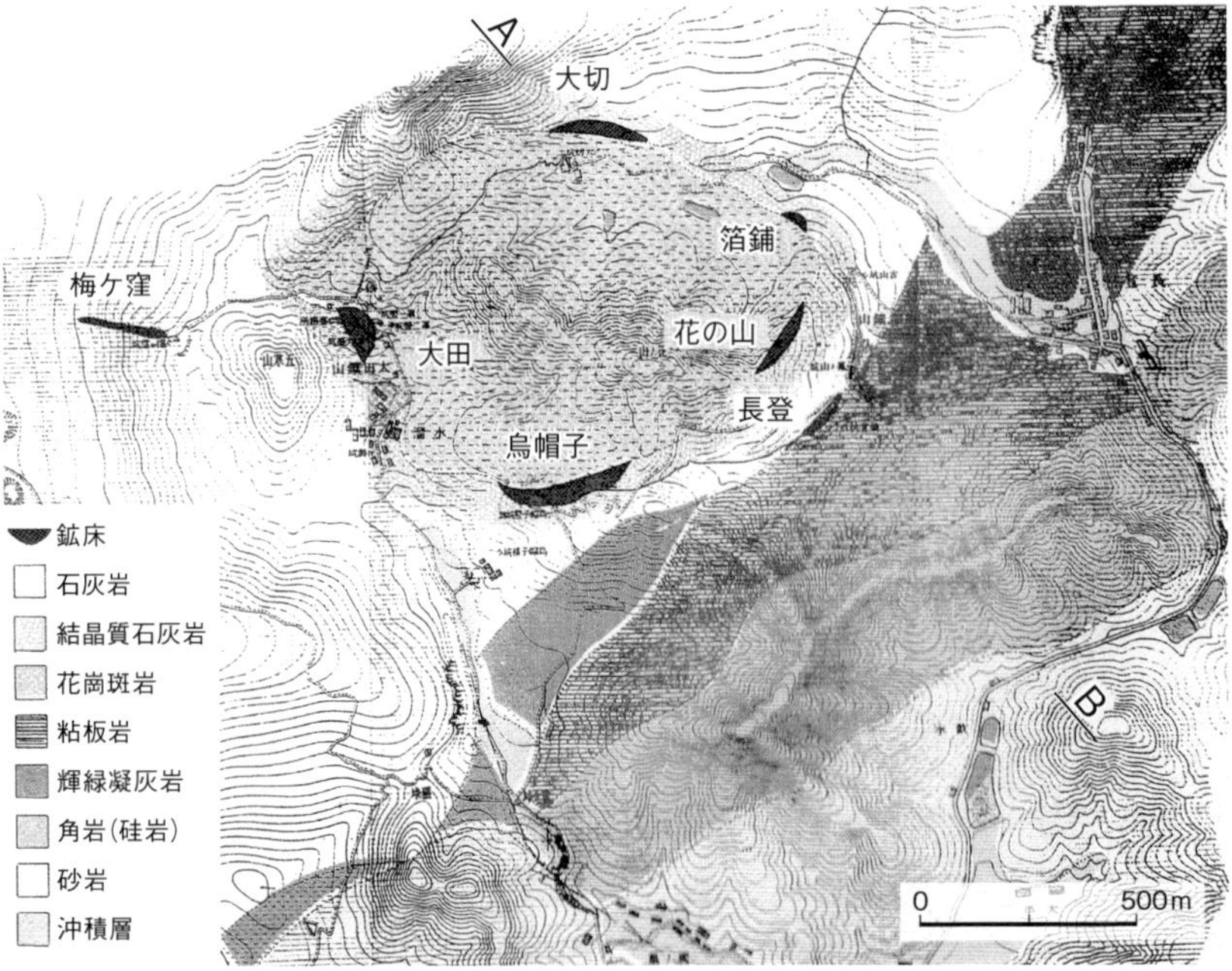

A
大切
箔鋪
梅ケ窪
花の山
大田
長登
烏帽子
鉱床
石灰岩
結晶質石灰岩
花崗斑岩
粘板岩
輝緑凝灰岩
角岩(硅岩)
砂岩
沖積層
B
0
500m

地質図

B
A
花の山坑
長登坑
花の山
大切坑
石灰岩
珪岩
粘板岩
花崗岩
輝緑凝灰岩
海面上100m

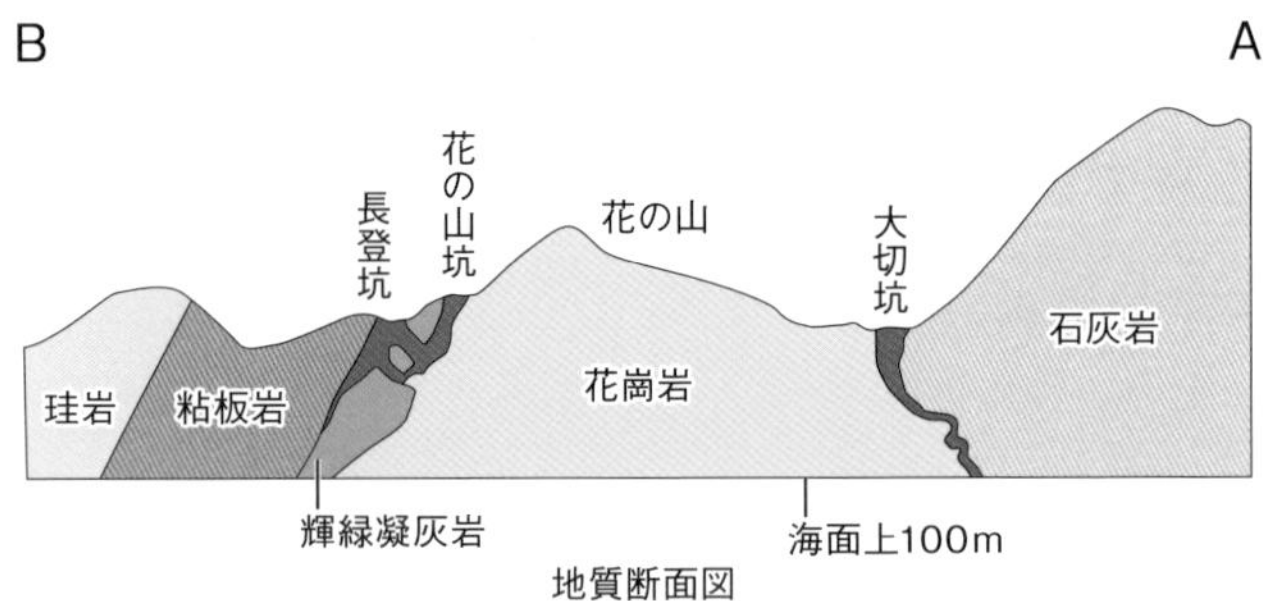

地質断面図

図10 ● 長登銅山周辺の地質と鉱床

上図の、白色部が秋吉台石灰岩台地で、橙色の丸い部分が貫入した花崗斑岩の花の山。石灰岩との接触部に5つの鉱床が生成され、「長登」は東の粘板岩との接触、「梅ケ窪」は飛び地である。

入した花崗斑岩の山で、周囲に大切・白敷(はくしき)(箔鋪(はくしき))・花の山・烏帽子(えぼし)・大田の五つの鉱床が形成された(図10)。

2　露天掘跡

長登銅山の古代の採鉱跡は、榧ケ葉山の東斜面の滝ノ下・大切山で発見されている(図11)。

榧ケ葉山は長登銅山跡の西端にある最高峰(標高三四一・五メートル)の石灰岩の山で、大切鉱床からはずれているが、元来は大切鉱床の露頭であったものが、永年の浸食で大切谷が形成されてとり残された、いわば大切鉱床の残床と考えられる。

山頂部北側斜面に大規模な露天掘跡が三カ所ある。このうち一号露天掘跡(図11①)は、長さ一三メートル、幅一〇メートルくらいで、

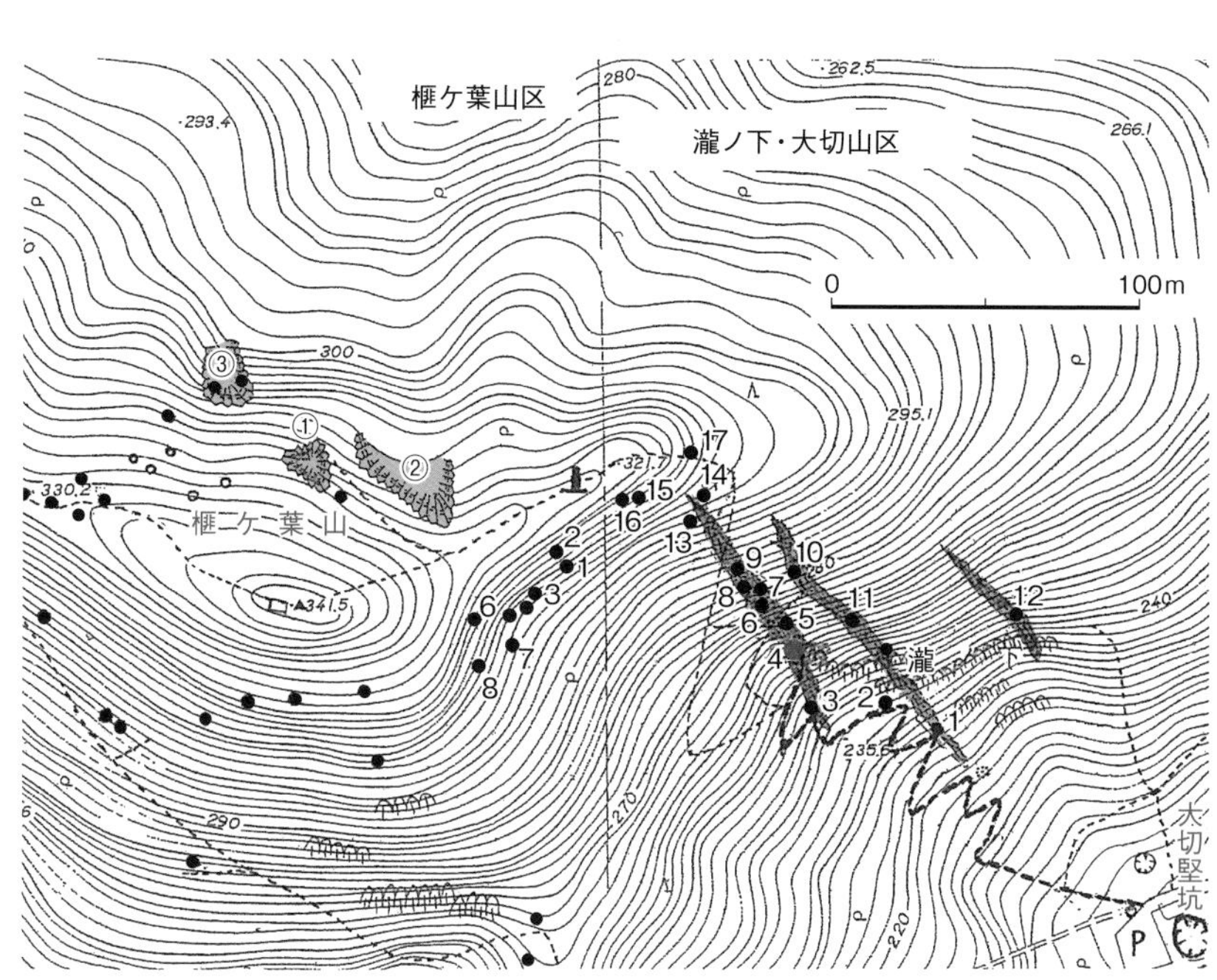

図11 ● 採鉱跡の坑口分布と鉱床
黒点が坑口(もしくは洞穴)の分布で、①〜③が露天掘跡。滝ノ下斜面の茶色の3本の帯状部は、熱水鉱床の鉱脈を模式的に示す。

岩盤を垂直に掘った、深さが七〜八メートルある竪坑だ（図12）。坑内にはズリが多く堆積している。

さらに、西壁直下には、高さ一・二メートル、幅二メートルの横坑口があり、奥行三六メートルまでつづく（図13）。鉱脈を追って掘り進めたと考えられる。この坑内からは八世紀前葉の須恵器が採集されており、確実に古代の横坑跡と確認された。

この一号露天掘跡の崖面には赤褐色に酸化した褐鉄鉱がみられ、随所に緑青（ろくしょう）が散見した。そこから酸化銅があることを知り、最初に採掘に着手したと考えられる。

二号露天掘跡は一号の東隣にあり、掘削範囲は広い。これには後世に大理石（結晶質石灰岩）の石切り場として再利用された形跡があり、現地には方形の削岩痕跡が残っている。三号露天掘跡は一号の西二〇メートルの位置

図12 ● 榧ケ葉山の1号露天掘跡
石灰岩の岩盤を深く掘り下げた露天掘りで、写真右端から左端下部まで掘削されている。人物の頭から右2cmの底に横坑（図13）がある。

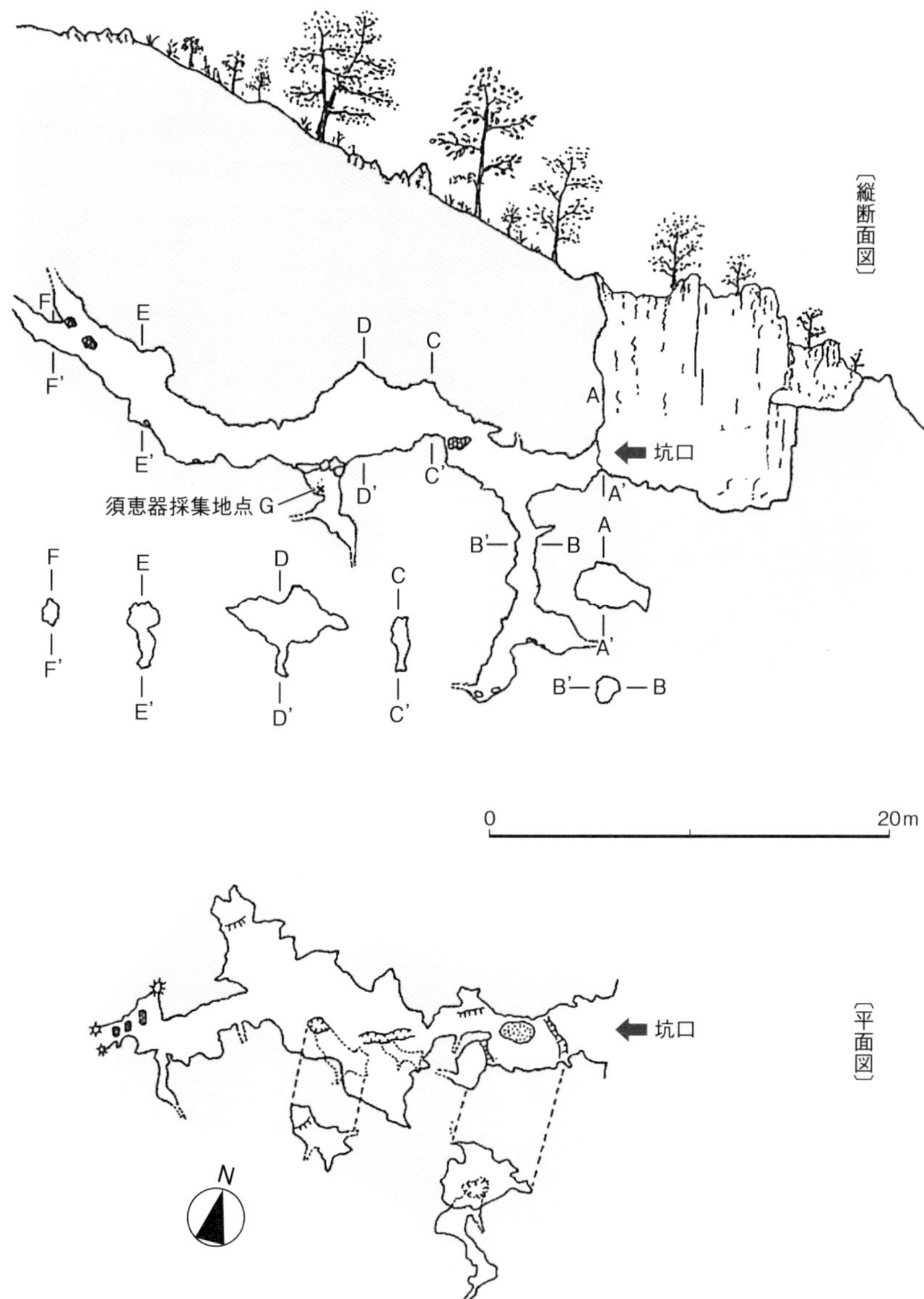

図13 ● 榧ケ葉山露天掘1号坑測量図
上が縦断面図で、下が平面図。中ほどはA～Fで示すポイントの横断面図。Gポイントで8世紀前半の須恵器坏の破片を採集。Aの地点には、「ヤケ」とよばれる赤褐色の褐鉄鉱石や緑青が認められる。

にあり、山の斜面を深さ五～六メートルばかりえぐった形状を残し、採掘の痕跡がある。

これらの露天掘跡直下の北斜面一帯には、褐鉄鉱や緑青がふいたズリが広く散布し、とくに褐鉄鉱の分布は広い。古代の採掘跡と考えられる。当時、採掘した鉱石は、この北側に搬出し、尾根を迂回して大切谷の製錬場に運搬したのであろう。

また、榧ケ葉山の九合目あたりには、東斜面に集中して八カ所、南斜面に九カ所、東南尾根上に二カ所（一八・一九号）の採掘坑、もしくは洞穴とおもわれる径一～二メートルの穴が点在し（図11）、付近の岩肌には緑青の付着がみられる。いずれの穴も石灰岩の岩肌に開口し、掘削痕がみられるところもある。掘り出されたズリが坑口に堆積して、テラス状となっている場所もある。銅鉱脈を求めて試掘した痕跡と考えられる。全体的に規模は小さく、試掘にとどまったのであろう。

3 採掘坑群

榧ケ葉山から東にくだった滝ノ下・大切山の南急斜面は、石灰岩の岩肌が切り立っていることから「瀧」とよばれ、この斜面に一メートル内外の小規模な坑口が約一七カ所、口をあけている（図11・14）。採掘坑である。

採掘坑はいずれも径一～三メートルの複雑な形態をとり、なかには鍾乳洞もある。危険なため、容易に入っていくことはできない。各坑口の坑内はいずれもつながっているとみられ、山麓の坑内で焚き火をすると山全体から煙が立ちのぼるといわれ、山全体が蟻の巣状に採掘されていたのだろう（**図19参照**）。

この滝ノ下付近の石灰岩には緑青の付着がいちじるしく、銅鉱のありかが容易に探索できたと思われる。ちなみに、のちの鉱山休山時代、地元の緑青製造業者が旧坑内から孔雀石などを採取して、緑青から顔料の岩絵の具を製造した。岩絵の具の「瀧ノ下録青」がブランド名にもなった由縁である。

滝ノ下の斜面には、**図11**にみるように、三本の鉱脈が推定され、頂上の露天掘りから採掘をはじめて、徐々に麓近くにいたったと考えられる。

四号坑は、大正時代に再度採掘が計画されて入口がダイナマイトにより拡張され、縦横三メートル程度の大きさになって容易に入坑できるようになった。現在、入口付近のみだが見学可

図14●9号坑
大切・滝ノ下の八合目に穿たれた試掘坑とみられる。
付近の石灰岩の岩肌には緑青が付着している。

能な唯一の坑口である。

奥行四五メートル付近から上段・下段、さらにもう一段と三方向に分岐し、そのうちの上段坑の奥は大広間となって、孔雀石の堆積（図16）や大き目の石筍などをみることができる。ここは元来、上部にある八号坑から掘り下ってきた場所と推定できる。

四号坑の高さ約一〇メートルの天井部には、幅約一メートル程度の掘削痕が明瞭に残り、ライトをあててノミの削岩痕跡が確認できた。入口天井部にも幅一メートル程度の掘削痕が残り、銅鉱脈をみることができる（図17）。

図15 ● 4号坑の調査
上：大切4号坑の天井部分（高さ約10m）には幅約1mの方形の掘削痕が残っていて、ノミの跡がある。古代に掘ったものと考えられ、8号坑につながっている。下：坑道の下は近世〜大正期に拡張された空間で、レーザー測量をおこなっている（筆者と後方は久間英樹氏）。

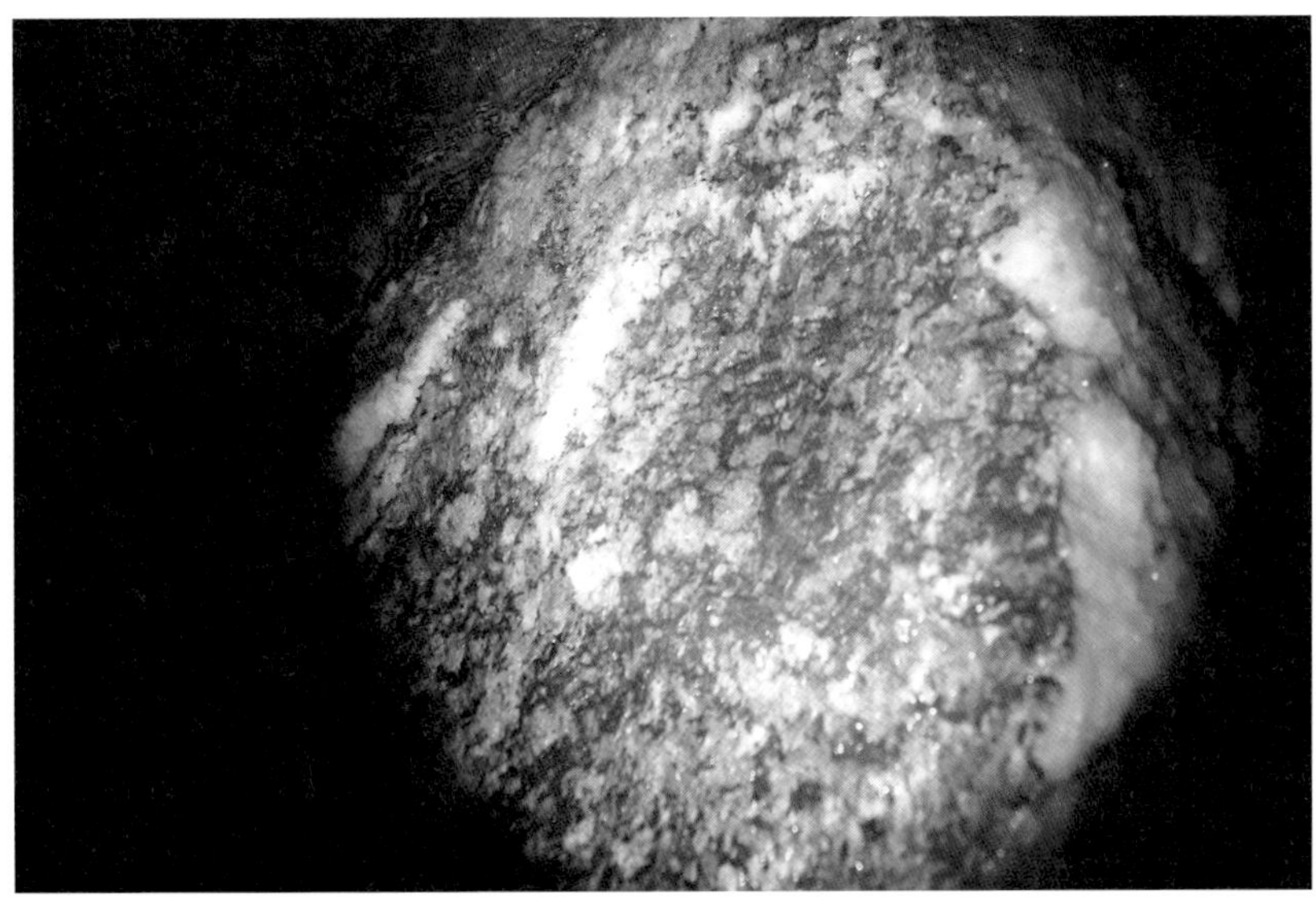

図16 ● 坑内の孔雀石と藍銅鉱（4号坑）
随所に緑青が散見するが、大切4号坑口から約20m入った左手の壁に緑青がみえる。藍銅鉱もみることができる（上部の青色の部分）。

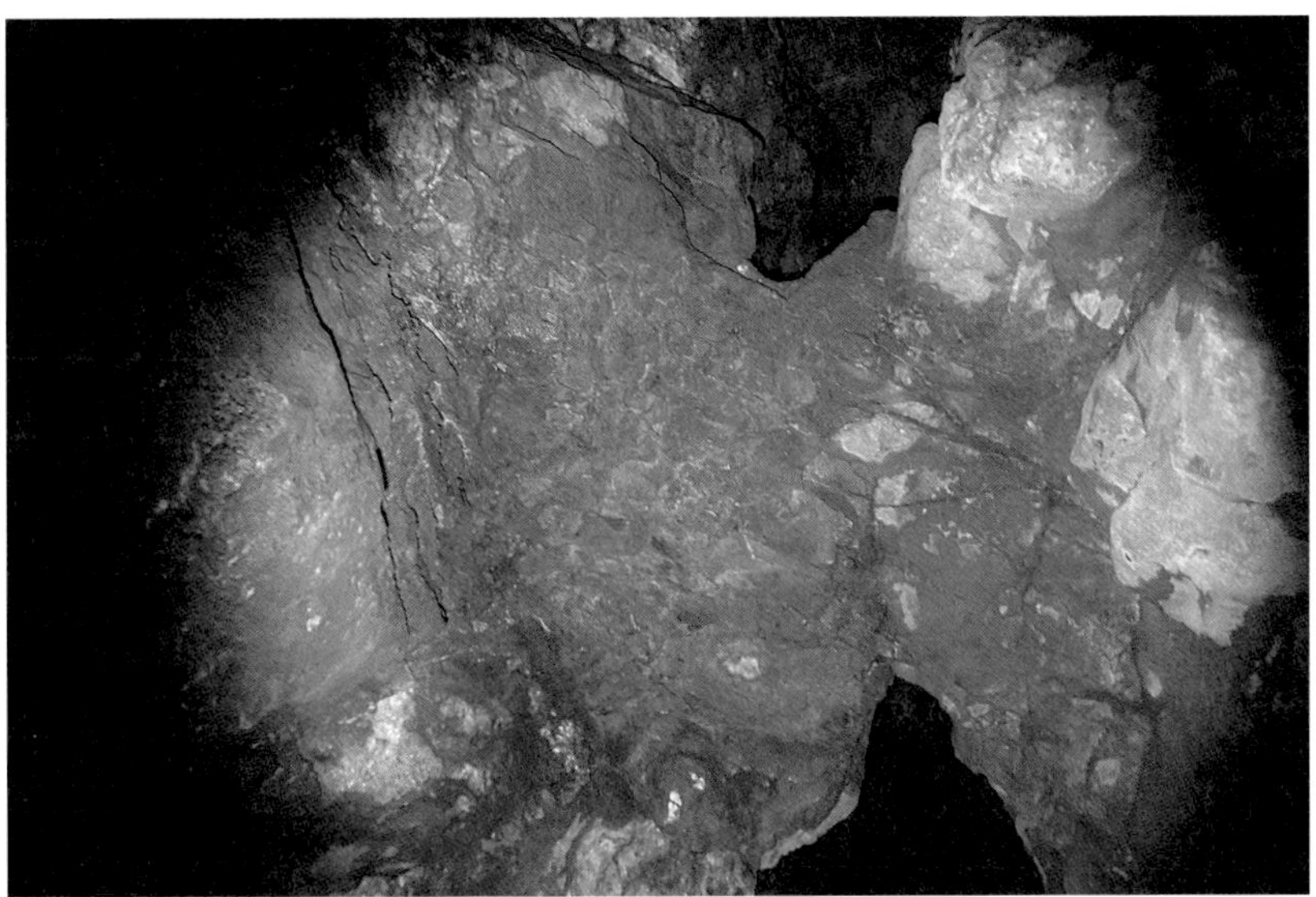

図17 ● 掘り残された銅鉱脈（4号坑）
4号坑口の入口天井部。中央左、やや斜めの縦方向に幅70cmの銅鉱脈が上下にのびている。ノミの痕があり、緑青が吹いている。

ここの鉱脈は約六〇〜七〇度に傾斜して地下深くつづいているとみられ、入口から一四メートル入った左手に竪坑がある。丸太梯子（まるたはしご）が遺存し、狭い鉱脈を追って掘削した痕があるが（図18）、近世期のものと推定される。

九号坑（図14）は、幅〇・八メートル、高さ一・一メートルのアーチ状で、奥行き六メートル程度で終わる。わずかに緑青の付着がみられ、試掘の坑道であろう。時期は掘削形状から中世末から近世初頭期と推考できる。

一〇坑は、九号坑の東二〇メートルに位置する（図19）。坑口から径七〇センチの斜坑が傾斜五〇度で五〜六メートル下り、水平坑につながる。ここから上部は鍾乳洞化が著しく、土に銅イオンが付着した銅泥（どうでい）がある。下部は三〇〜六〇度の傾斜で径二メートル程度の斜坑が深く掘り下り、一一号坑につながっている。

一一号坑は、深さ一〇メートルの竪坑である（図

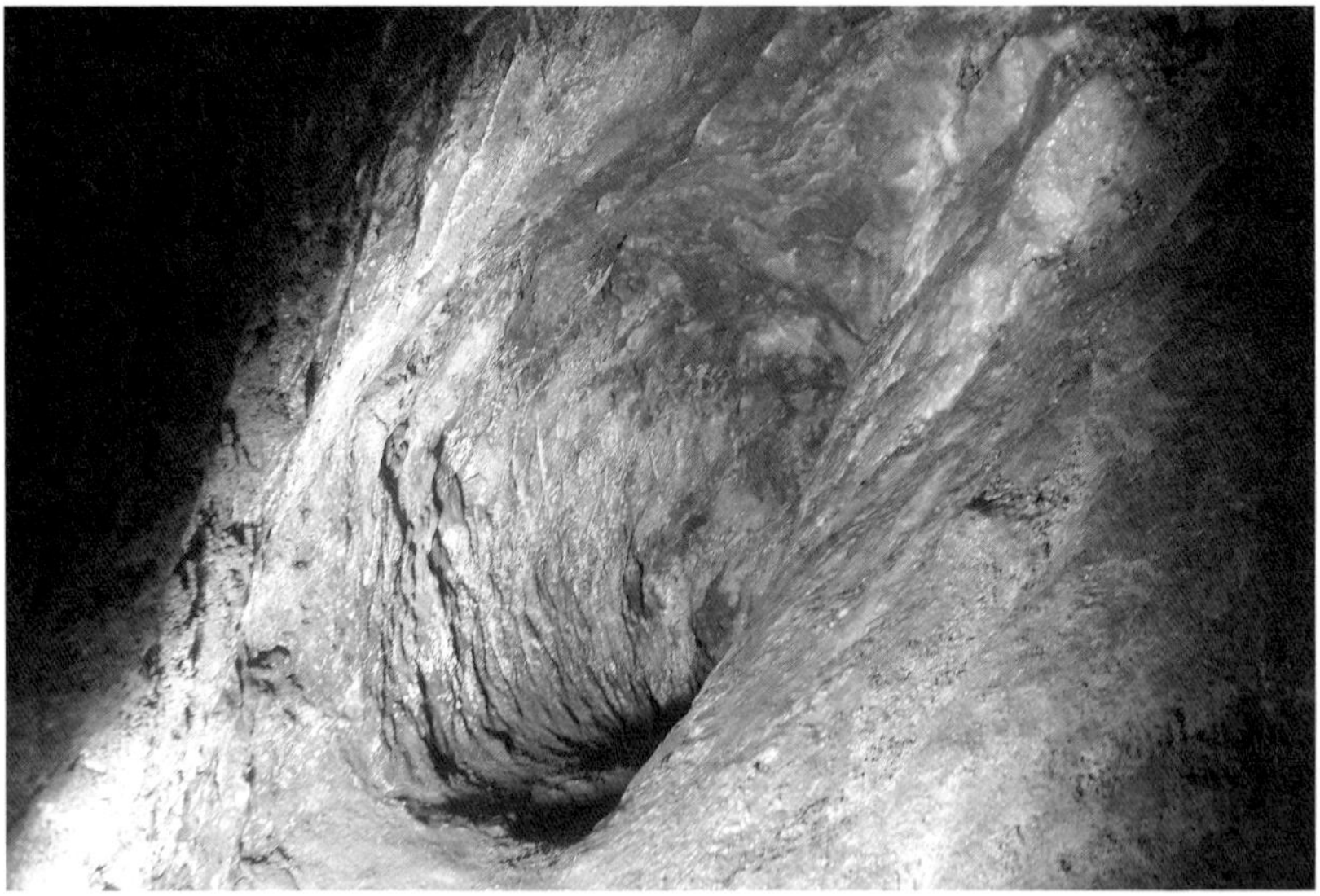

図18 ● 近世以降の掘削痕（4号坑）
4号坑を14m入った左手に竪坑があり、その底には小さな横坑がある。近世以降に天井部から掘り下がった採掘跡とみられる。

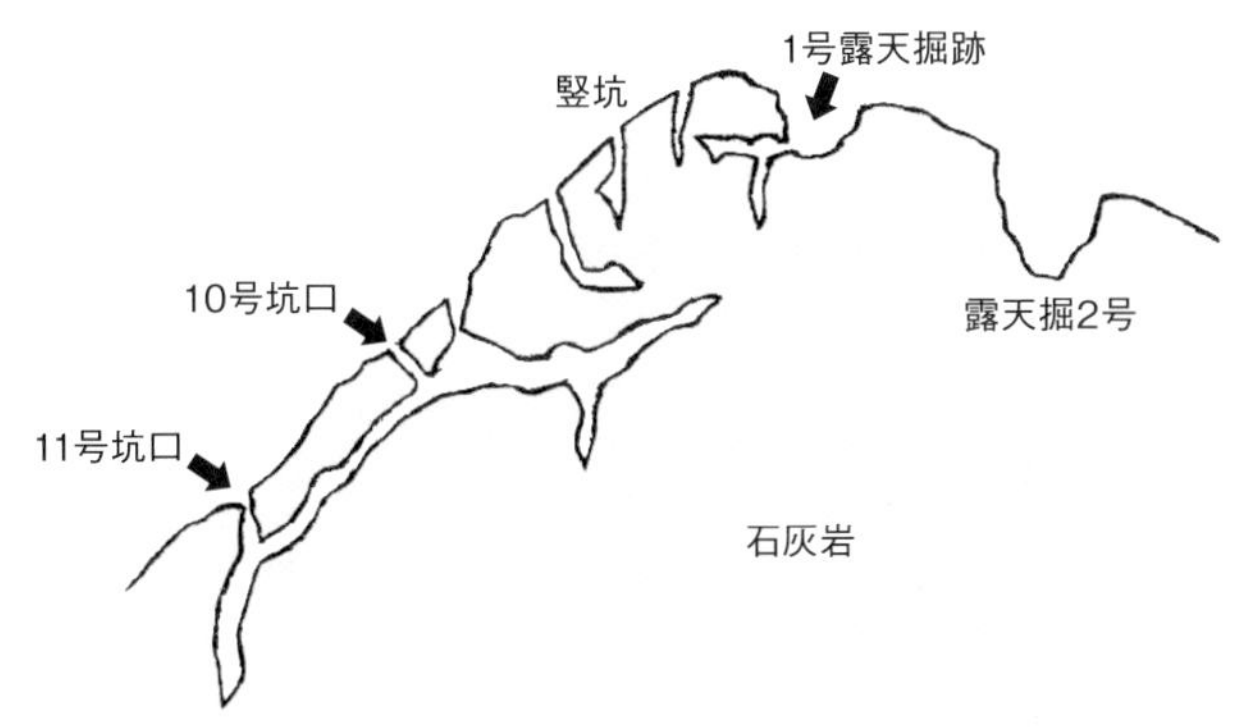

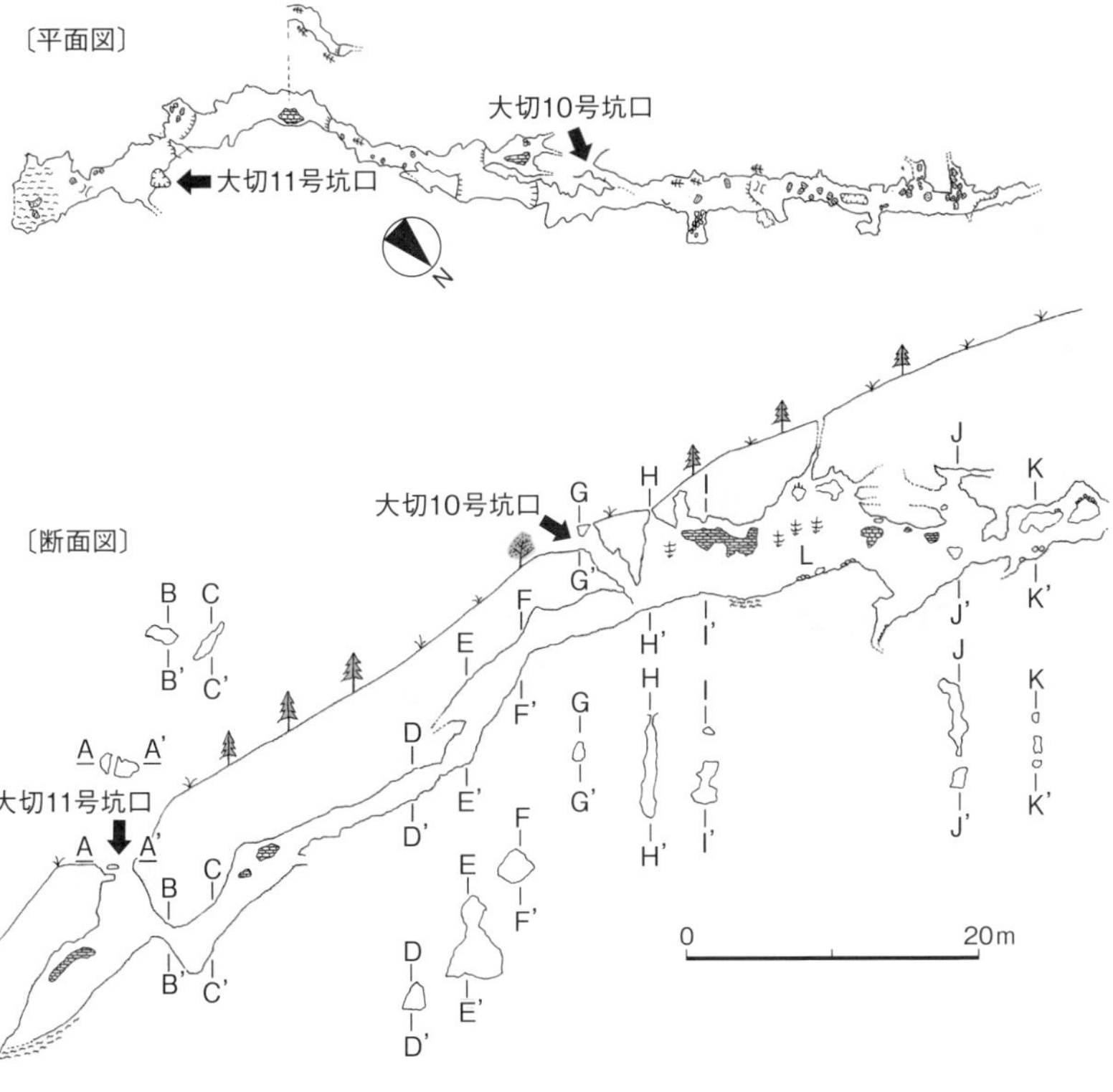

〔平面図〕
大切10号坑口
大切11号坑口

〔断面図〕
大切10号坑口
大切11号坑口

図 19 ● 滝ノ下・大切山の坑道測量図
斜面に展開する坑道・洞穴の測量図。10号坑のI～K付近は半ば鍾乳洞で、A～Hは明らかに手掘りの様相を示す。L付近に銅泥がある。11号坑口には岩軸があり、竪坑のつるし掘りがおこなわれた。

19)が、坑口の石灰岩を径五〇センチくらいの岩軸として掘り残した、いわゆる「つるし掘り」の形態が確認できる(図4参照)。この「つるし掘り技法」は、弘法大師が唐からもち帰った技法と伝承され、平安時代の新たな採掘法といえる。そのことから一一号坑は平安時代に下る採掘跡と推定できる。

4 古代の採鉱技術

以上みてきたように、長登銅山での古代の採掘は、山頂露頭部のヤケの採掘からはじまり、露天掘が拡大して、その下部の坑底から鉱脈を追う坑道を掘削し山裾に掘り下る。途中、坑道の出口として山の斜面に坑口がうがたれ、複数の坑口は鍾乳洞などもまじえて一本の坑道に繋がったと考えられる。山裾に下った坑道は、出口の坑口掘削ができず、つるし掘りが採用されたようだが、それ

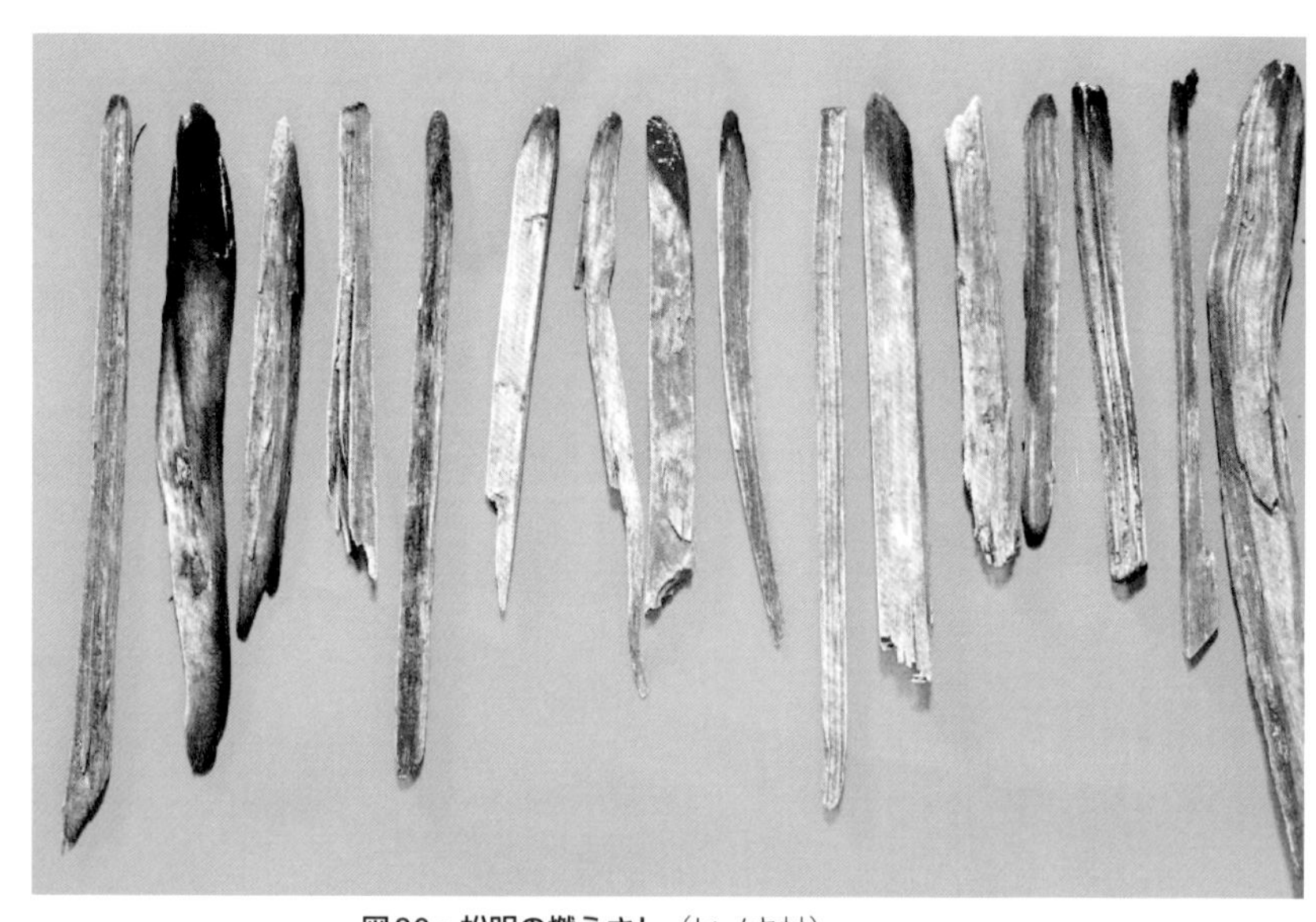

図20● 松明の燃えさし(ヒノキ材)
割り箸を2~5本束ねた程度の大きさの木片で、一端が焼けこげている。製錬跡から多く出土する。これを数本束にして松明として使用したと思われる。採掘にも利用したであろう。

は平安時代になってからである。

坑道は、近世期以降のように、運搬の便を考慮して長方形に掘削するいわゆる加背(かせ)方式ではなく、鍾乳洞の空間を利用しながら、鉱脈のみを追い求めた乱雑なものであり、計画的な採掘法とはいえない。坑内は不規則に縦横無尽に掘削され、人一人が通過できれば事足りたと推測される。余分な掘削労力を省くのが古代の採掘方法だったのだろう。

採掘には、一般的な掘削・運搬の基本技術はもとより、通気・照明・排水・落盤防止の技術が不可欠である。しかし、古代の鉱山は地下水位より上の酸化帯であるため、湧水の障害がなく、また長登銅山は石灰岩層であるので落盤の危険性も少ない。しかも、永年の石灰岩の浸食による亀裂や半ば鍾乳洞化した空洞があって通気性には恵まれており、石灰岩地帯の採掘は比較的容易であったといえる。唯一の障害は照明だが、製錬遺跡から割箸状の燃えさしが多く出土している（**図20**）。煙害の少ないヒノキ材を束にし、松明(たいまつ)として採鉱にも利用したと考えられる。

ちなみに古代の採掘跡は、長登銅山だけでなく中国の銅緑山やイスラエルのティムナ鉱山など世界的にみて、石灰岩地帯にあるのが一般的である。石灰岩地帯の鉱床はみつけやすいからであろう。その後日本では、平安時代中ごろになると、熱水から有用元素が沈殿・濃集してできる熱水鉱床や岩石の割れ目にできる鉱脈鉱床へ、採鉱の範囲が広がり、平安時代中期の国史『日本三代実録』などに鉱物資源の記述が増加してくる。

第3章　どのように製錬したのか

1　選鉱とその道具

製錬がおこなわれた場所

山から掘り出した銅鉱石は、まず鉱石に含まれている石灰岩や花崗岩などの不純物をできるだけとりのぞき、その後、炉に入れて木炭とともに燃焼させて溶かし、金属としての銅をとりだす。この一連の工程を「製錬」というが、とくに前者を「選鉱」、後者を狭い意味での「製錬」とよんでいる（なお、さらに不純物をとり除き、純度を高める作業を「精錬」とよぶ）。

長登銅山では、これらの作業は山から降りた大切谷の谷間でおこなわれたようで、大切谷一帯、とくに榧ケ葉山や滝ノ下・大切山に近い谷の西側から、関連するさまざまな遺構がみつかっている（図21）。美東町教育委員会では二五〇〇分の一の地形図に一〇〇メートルの座標メッシュを設定して調査地域の基本的な地区割りをおこない、発掘調査をしてきた（図22・23）。

その地区割りの名称で出土地を示しつつ、古代製錬の実態をみていくことにしよう。

選鉱作業場と要石・石槌

選鉱は銅生産の要で、鉱石選別の良否が製錬の効率を左右する。長登銅山では、採掘してきた鉱石を搗き臼の台石である「要石（かなめいし）」の上におき、握りこぶし大の「石槌」で粉砕して不純物を選別した。これを「色目選鉱」とよんでいる。その後、細かくくだいた鉱石の粒を水のなかに入れ、沈む速さのちがいを利用して不純物を分ける「比重選鉱」もおこなっていたとみられる。

選鉱作業場は、大切ⅡC区でみつかった（**図24**）。花の山から北に広がる丘陵の一つにある。

発掘では、まず大型のカラミが出土し、それを除去すると、地山面は一面、赤褐色にお

図21●大切谷での発掘調査風景（大切ⅡC区4T〔Tはトレンチの略〕、図22・23参照）
大切谷の南北大溝が東西大溝と合流する地点で、祭祀土器や馬頭骨、竹製目籠などが出土した。ここで水辺の祭祀がおこなわれたようだ。写真は遺構の実測をしているところ。

図22 • 発掘調査区割と調査地点

100ｍメッシュで区切り、上段の地区名と右端のアルファベットを組み合わせて「大切ⅢＣ区」などとよび、各区域（100m四方）内のトレンチ（試掘坑、赤色部）を、発掘順に「1T」「2T」としている。赤色破線は国史跡指定範囲。

西端の榧ケ葉山とその東麓周辺が第２章でみた採鉱場で、その東側に大切谷が東西にのび、おもに「大切Ⅲ区」～「大切Ⅰ区」（南北は「B・C・D区」に古代の製錬場が広がっていた。中・近世の遺跡はさらに東側の古山区、山神区、下ノ丁区などに移動する。

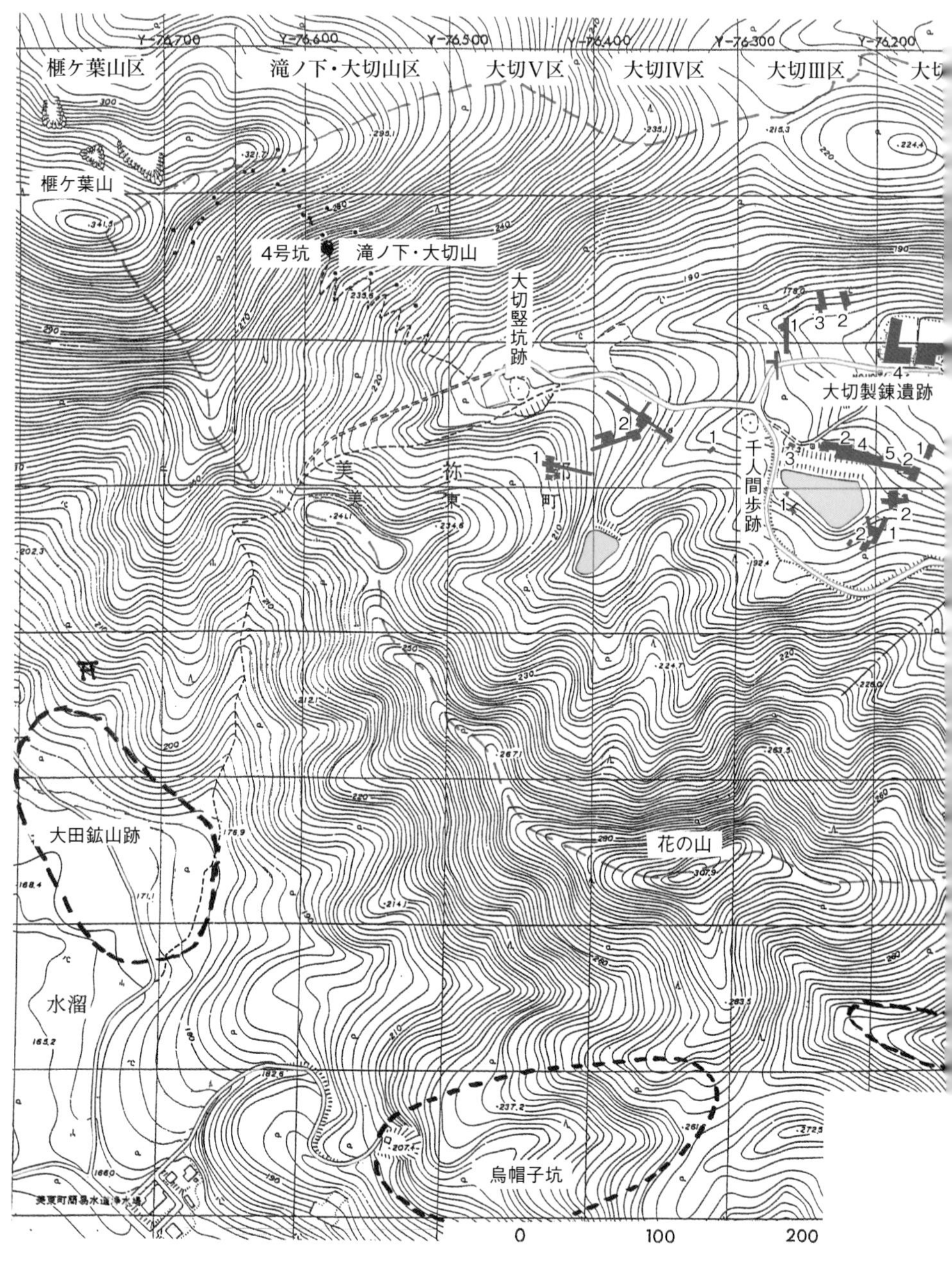
椻ケ葉山区
滝ノ下・大切山区
大切Ⅴ区
大切Ⅳ区
大切Ⅲ区
椻ケ葉山
4号坑
滝ノ下・大切山
大切竪坑跡
大切製錬遺跡
千人間歩跡
美弥東部町
大田鉱山跡
水溜
花の山
烏帽子坑
0
100
200

おわれていた。どういう状況なのかずいぶん悩んだが、鉄分が地山に酸化沈着したものと判断した。

その後、選鉱用の要石が地面にすえられた状態で出土し、径一〜三メートルの不整円形の土坑が四基みつかった。土坑内や地山面には緑青色があざやかな孔雀石の小粒が散在していたので、比重選鉱をおこなった水貯め用の土坑と判定できた。

さらにその後、同地区の発掘を進めたところ、酸化銅鉱石の入った土坑や石槌がたくさんみつかり、この場所が選鉱場であることをあらためて確認した。

出土した要石は、二〇〜四〇センチ大の花崗斑岩の自然石で、径八センチ前後、深さ二〜三センチのすり

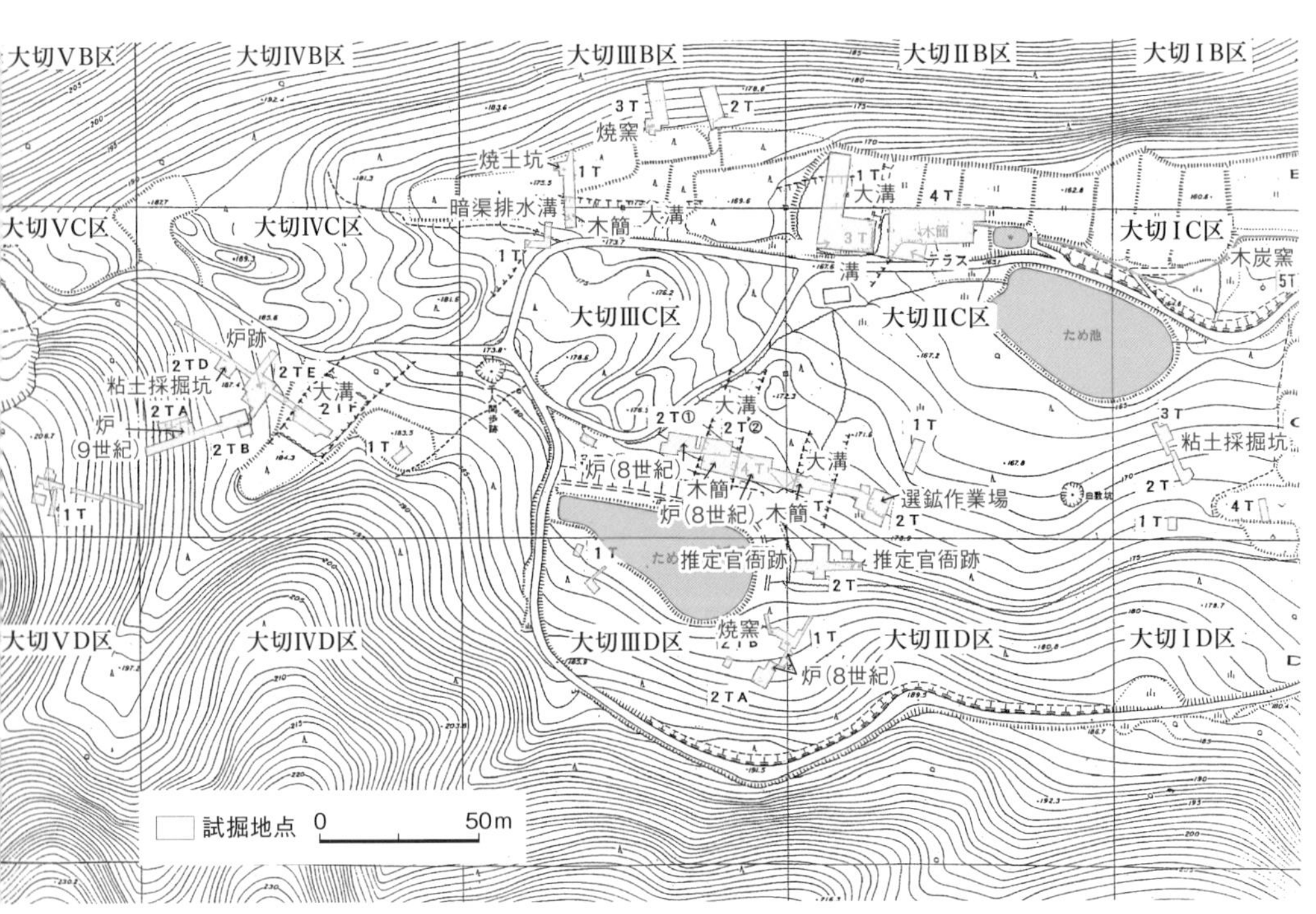

図23 ● 大切谷中心部のトレンチ配置図

大切ⅡC区、ⅢC区、ⅡD区、ⅢD区が奈良時代の製錬の中心であったとみられるが、いまだ役所跡は明確でない。ⅣC区では9〜10世紀の遺構・遺物がみつかっている。

図24●選鉱作業場（大切ⅡC区2T）
写真中央から下方が平坦に整地され、径1～3mの水貯め土坑が3カ所ある。
トレンチ全面が赤いのは長年堆積していたカラミの鉄分が酸化沈着したもの。

図25●要石と石槌
上：自然の花崗斑岩を利用した要石。同類のものが石見銀山にもある。
下：鉱石破砕用の石槌（花崗斑岩製）。

鉢状のくぼんだ穴が数カ所うがたれていた（図25）。表裏両面とも使用されているものもある。くぼんだ穴は搞打痕で、磨耗痕は顕著でなく、鉱石を小割する作業に用いられたことがわかる。石槌は、石斧状のものや一辺六センチ前後の立方体状のものがある（図25）。後者は各六面がくぼんでいて、縁も丸く摩滅していた。

各地の中世以降の鉱山遺跡では円形のひき臼状の道具が数多く出土しているが、長登銅山ではみつかっていない。銅の製錬では、粒状にした鉱石を直接、製錬炉に入れて熔解するため、粉状にする道具は不要だったのだろう。ちなみに要石は、いまも民家の軒下に散見する。これらは近世から近代にかけて緑青製造で使用されたものであり、古代にも緑青の製造に利用された可能性がある。

2　製錬作業場

大切製錬場

狭い意味での製錬をおこなった作業場は、大切谷西側の大切Ⅱ〜Ⅳ地区で発掘したトレンチの随所でみつかった。膨大な量のカラミがそれを示している。

一九九〇年の夏に発掘した大切ⅢC区では、地表から二〇センチ下はカラミの層で、来る日も来る日もツルハシで硬いカラミ混じりの砂礫層を掘った。そして地表から一・二〜一・六メートル掘り進んで地山面があらわれた。遺存する須恵器を残し、カラミを除去していくと、カラミが充満した土坑やくぼみが数カ所みつかった（図26）。

このうちの一つが赤茶褐色に焼けて硬く締まり、移植ゴテでも歯が立たない。製錬炉跡であろうか。検討を重ね、最終的に葉賀七三男氏の助言をえて、製錬炉と確認した。

それからは各トレンチでつぎつぎと炉跡がみつかり、地区全体におよぶとみられたため、「大切製錬場」とよぶことにした。

大切製錬場は、南側の花の山の麓から北へ小規模な舌状丘陵がいくつか派生した場所だ。それぞれの丘陵のあいだの谷には人工的に整形された大溝がつくられ、谷水は南から北へ流れ下って、北の石灰岩台地との境で東西大溝に合流し、東に流出する。そして丘陵上には、三〜五メートル規模の長方形の区画割りがあり、それぞれの区画の中心に製錬炉跡がある。そうした作業場の遺構が数カ所確認され、炉跡や柱穴、

図26 ● 大切ⅢＣ区2Tの調査風景
中央右のビニールをかぶせたところがⅢ区の1号炉跡。その上の歩み板をかけた下が土坑で、歩み板の左には柱穴がある。

土坑、焼土坑、木炭が詰まった土坑などが残っていた。

奈良時代の製錬作業場

大切ⅢC区でみつかった製錬作業場は（図27）、一号炉を中心として二・三×三・二メートルの区画割りが認められ、一・二×〇・九メートルの隅丸方形の土坑（鞴を設置した場所かもしれない）や硬く締まった作業面に柱穴が二カ所みつかった。また、区画外には白色粘土の堆積場があり、粘土は製錬炉の構築などに使用されたと思われる。東南の壁際には、径六〇センチの二号炉があり、熱を受けた石塊が残っていた。

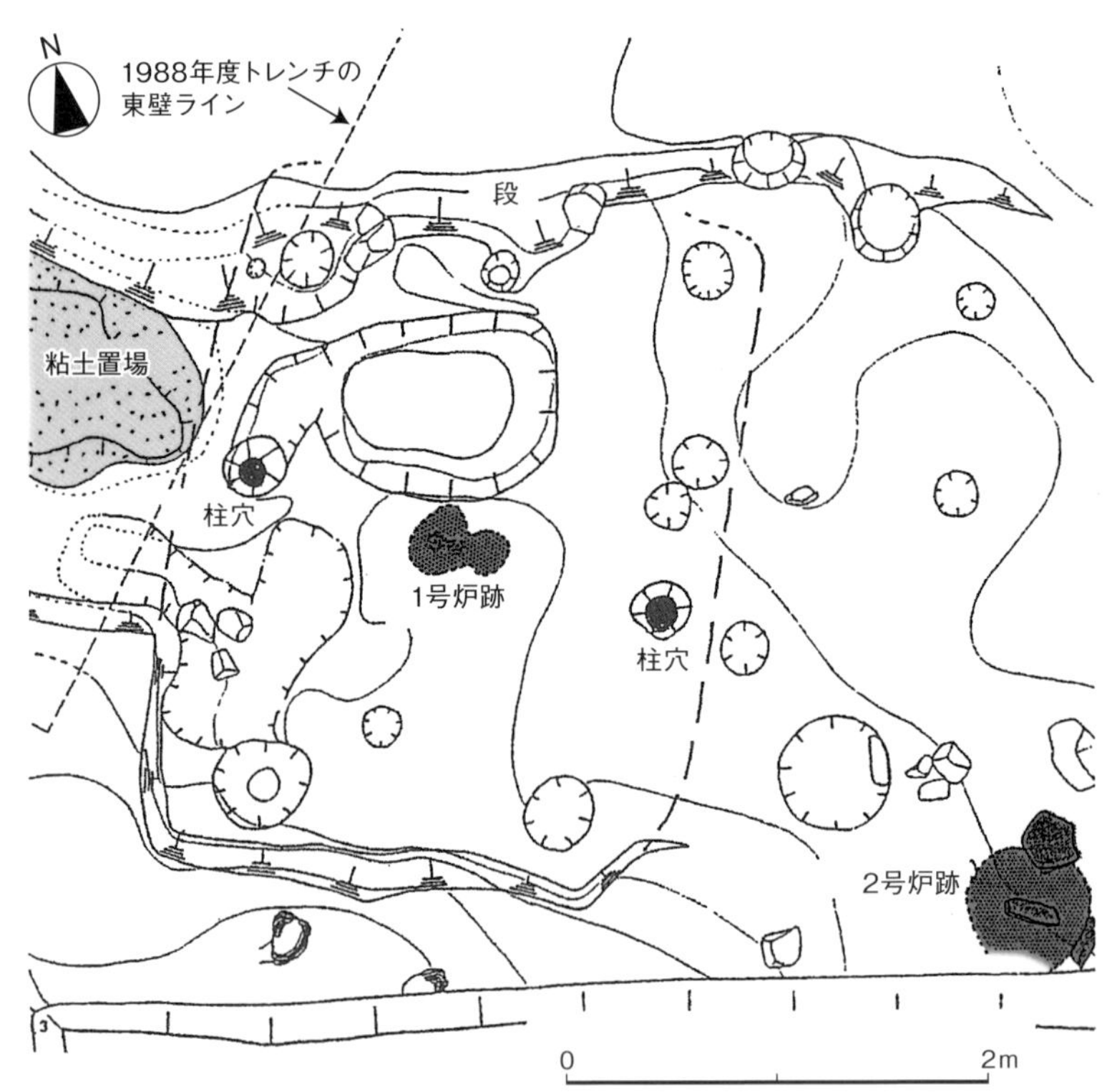

図27 ● 奈良時代の製錬作業場（大切ⅢC区2T）
図上の北側が丘陵下手になる。1号炉跡は径30㎝程度の非常に硬質な焼土。柱穴は2本あり、簡易な差しかけ程度の屋根が想定される。右下の2号炉跡は、焼けた石塊をともなう径60㎝の焼土であった。

　また、南北大溝②を隔てた東の丘陵上の大切ⅢC区では、周囲を小溝でかこんで排水をよくした三・三×四・八メートルの掘立柱建物跡がみつかった（**図28**）。柱穴は七本で、建物内には炉跡五基が横一列にならぶ。浅く掘りくぼめられ、被熱した痕がみられる炉跡二基（精錬炉か）と、灰が充満し被熱の甘い炉跡（灰吹炉か）、炭灰の充満した炉跡（鋳造炉か）などがあり、工程のちがいをうかがわせるが、それぞれの用途を明確にすることはできなかった。

　この掘立柱建物跡の屋外からは、径五〇センチの円形の硬質な焼土（一〇号炉）と径一メートルの浅鉢の形をした炉跡（五号炉）がみつかった。これらは円筒竪型炉の基底部とみられる。屋外で製練をおこなったのであろう。酸化銅鉱石を用いて還元製錬をおこなうと、一酸化炭素が大量に発生するので、換気

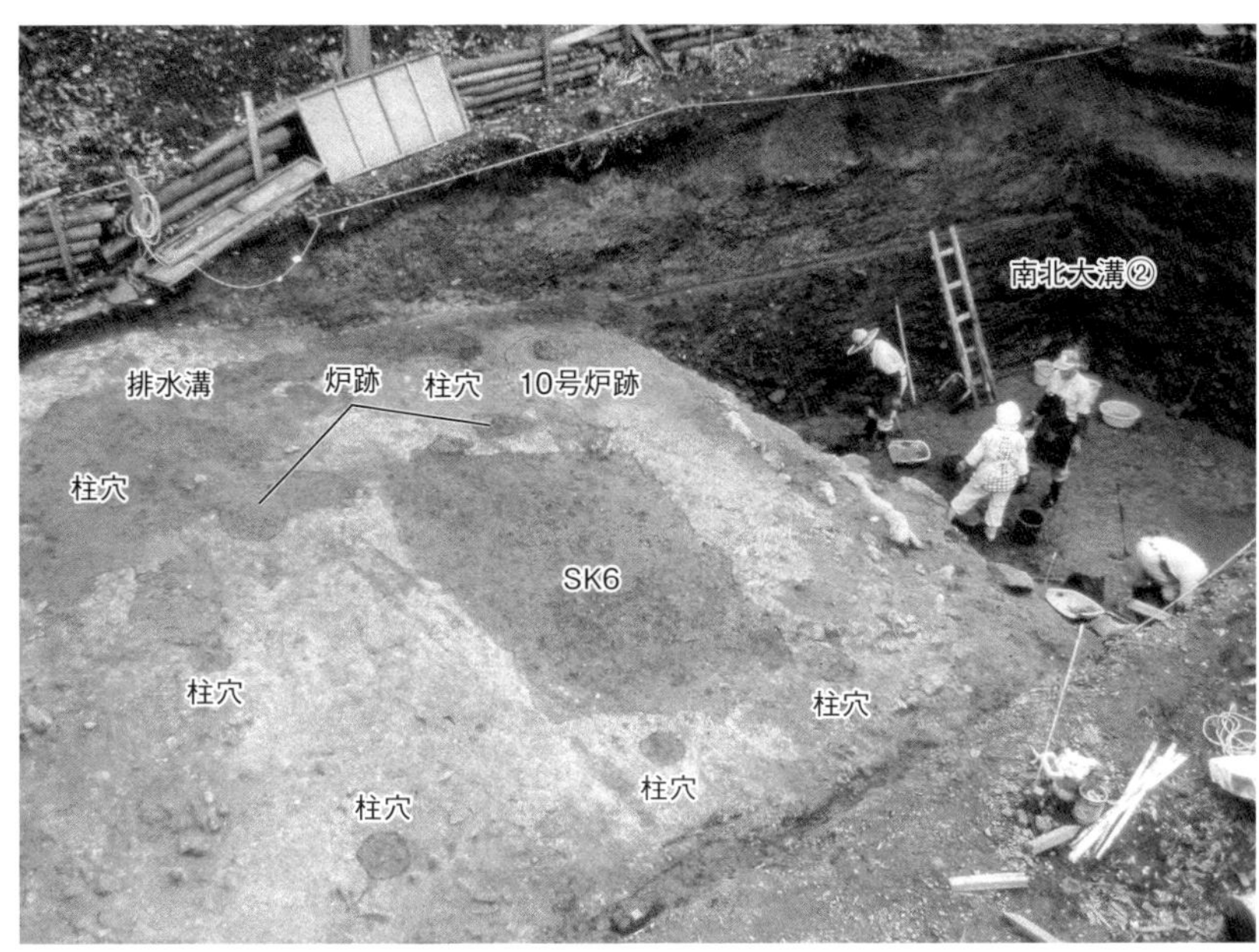

図28 ● 製錬作業場と南北大溝②（大切ⅢC区4T）
右手の深いところが南北大溝②で、深さ5mある。左手が大溝東側の丘陵で、中央のカラミが充満した土坑（SK6）をかこむように、柱穴と炉跡がならぶ。上手（南側丘陵）には排水溝がある。

を十分にするためと考えられる。

これらの作業場は、出土した須恵器の年代から八世紀前半から後半のものである。南北大溝②の底からは、この作業場から投棄されたとみられる炉壁一個体分がまとまって出土し、熔解途中の塊状滓が多量に出土した。塊状滓は、銅製錬に失敗して廃棄されたものであろう。八世紀前半の早い段階のものと思われる。

また、山手の大切ⅢD区でも、緩斜面に一辺が三〜四メートルの方形の作業場が二面みつかった。全体を発掘していないので詳細は不明だが、加熱度合いの低い炉跡があり、出土遺物から八世紀後半〜末と考えられる。時期が下るにしたがって作業場が山手へ移動していったことがわかる。

平安時代の製錬作業場

大切製錬場より西側の大切ⅣC区では、九〜一〇世紀の製錬作業場がみつかった（図29）。周囲より一段高い場所にあり、床面の広さは三×四メートルの方形で、小溝により区画している。一部に貼床を施し、床面下には鍋鋳型を地鎮として埋納していた。熱を受けて赤くなった炉跡などがある。柱穴の跡は明らかでない。

付近からは鉛片が出土し、炉底の土の化学分析で鉛成分が検出されたことから、これらの炉跡は鉛の製錬炉と考えられる。九世紀半ばになると銅資源が枯渇し、鉛を生産したのであろう。八一八年初鋳の富寿神宝（ふじゅしんぽう）（皇朝十二銭のひとつ）から鉛の分量が多くなることと符合する。周囲では炉壁片、羽口、カラミ、鋳型、石槌、磨石（すりいし）、銅鉛片などの製錬関連遺物が出土している。

なお、谷の東側、入口に近い大切ＩＣ区の緩斜面でも、要石、石槌、カラミ、炉壁片、羽口、銅片といった製錬関係遺物が出土している。一緒に出土した須恵器・土師器・緑釉陶器から、九世紀の製錬場と考えられる。なお、炉壁片は、径二センチの粘土紐を芯にして輪積みしたようすがうかがえ、炉の製作過程がわかる貴重な遺物である。

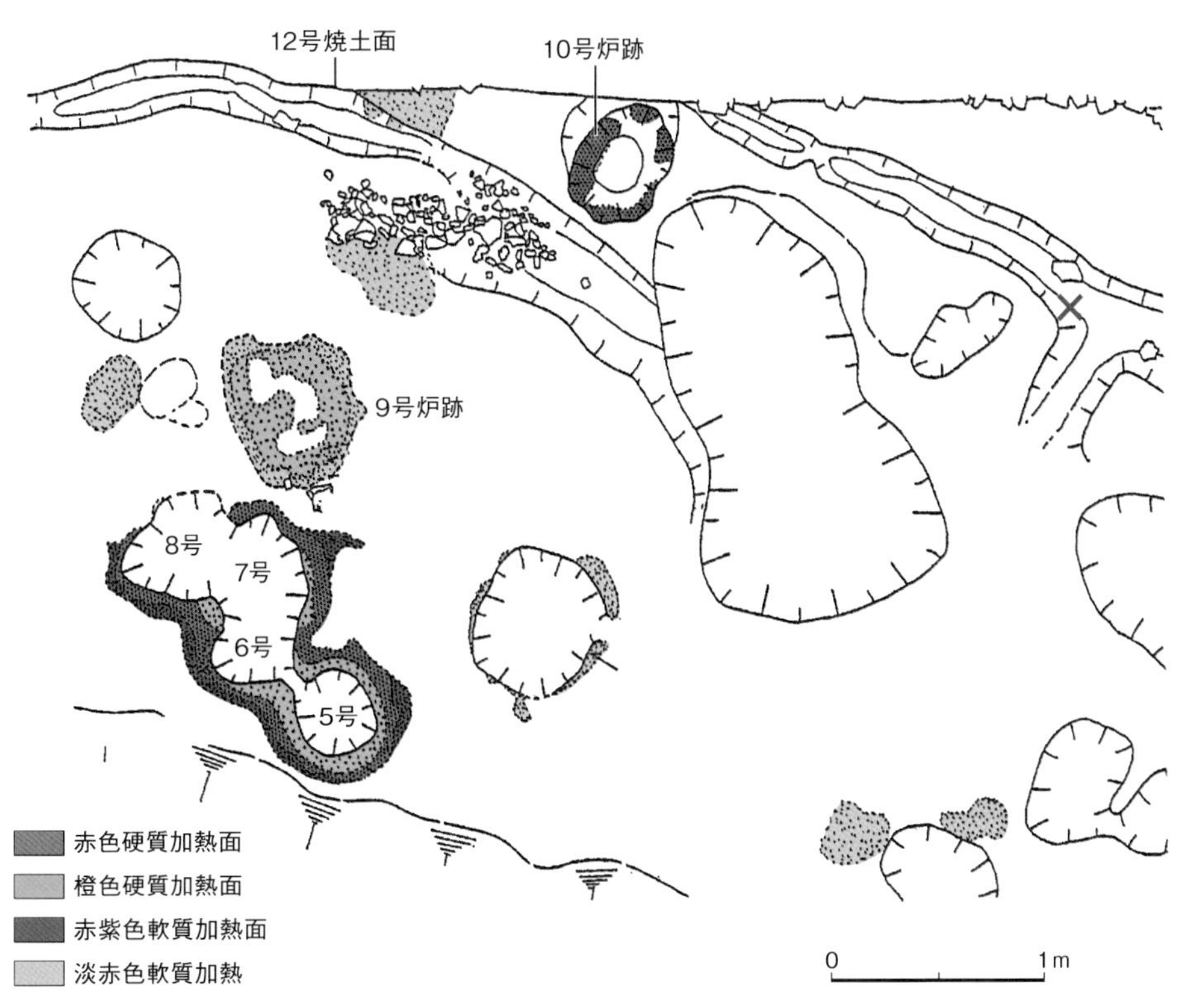

図29 ● 平安時代の製錬作業場（大切ⅣＣ区2T）
丘陵南側の３×４mの区画。周囲に小溝がある。このなかに５号～８号の火床炉が重複している。図上方、拡張された床面の南端に火床炉10号炉跡があり、✕印の箇所には鍋鋳型が地鎮として埋納されていた。９号炉はコシキ炉か竪型炉の基底部であろう。

3 古代の炉

炉跡からさぐる

以上の製錬作業場跡から、現在、炉跡が二七基確認されている。製錬炉自体は製錬後に壊してなかにできた銅をとり出すことから、いずれも基底部しか残っておらず（図30）、上部構造は不明である。いったいどのような炉だったのだろうか。

まず炉跡からさぐってみよう。図31は出土した炉跡を六つに類型化したものである。

A類型は、作業面が強く被熱し、径二五〜六〇センチの硬質な焼土が円形もしくは不整円形に残るものである。八世紀前半のものが二基、九世紀のものが一基ある。このことから、炉は円形をしていたことがわかる。

B類型は、径六〇センチ前後の円形で、皿状に浅く掘りくぼんだ部分が被熱し、焼けた石をともなう。八世紀前半のものが三基ある。

C類型は、径二五〜四〇センチ程度の円形もしくは楕円形で、深さ六センチ前後に浅鉢状に掘りくぼめられた部分が強く被熱する。地床炉ともよばれるが、火床炉(ほど)形式の浅いもの。八世紀前半のものが二基、九世紀のものが六基、九世紀から一〇世紀のものが二基、一〇世紀後半のものが一基確認されている。

D類型は、C類型と同様であるが、火床炉の深さが一〇〜三〇センチ程度と深くなり、鍋底状を呈するもの。近世期以降に一般的な炉のかたちである。

E類型は、少しくぼんだ軟質な被熱痕跡があり、径二〇〜六〇センチ程度の不整な円形・楕円形を呈すもの。図31に示したように、灰が充満したものもある。八世紀のもの二基、八世紀後半と思われるもの二基、九世紀以降のもの三基が確認されている。

F類型は、径二〇センチ前後の円形が重複して、馬蹄形もしくは瓢箪形に連なり、深さ四〇

大切Ⅲ C 区 5 号炉（8 世紀）：径 1m。縁に石塊が設置されている（図 31B 類）。

大切Ⅳ C 区 1 号炉（9 世紀）：径 30 × 40cm、深さ 8cm 程度の皿状になっている。鉛の製練炉の可能性が高い（図 31C 類）。

図30 ● 炉跡の出土状況

被熱した焼土床や石塊などが残る。鉱石の製錬炉のほか、製錬してできた銅塊の精錬炉あるいは雑器鋳造用の炉の可能性もある。

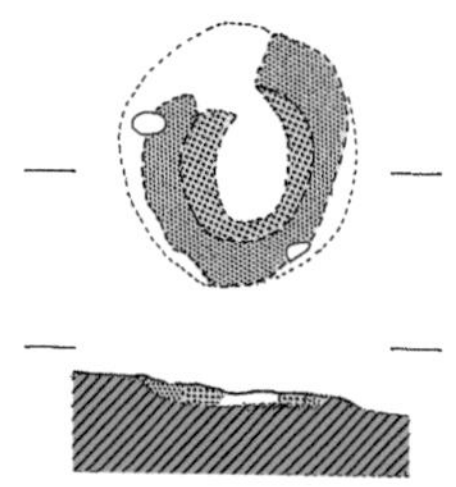

A類：かなり強い熱を受け地山面が
堅く焼け締まっている。

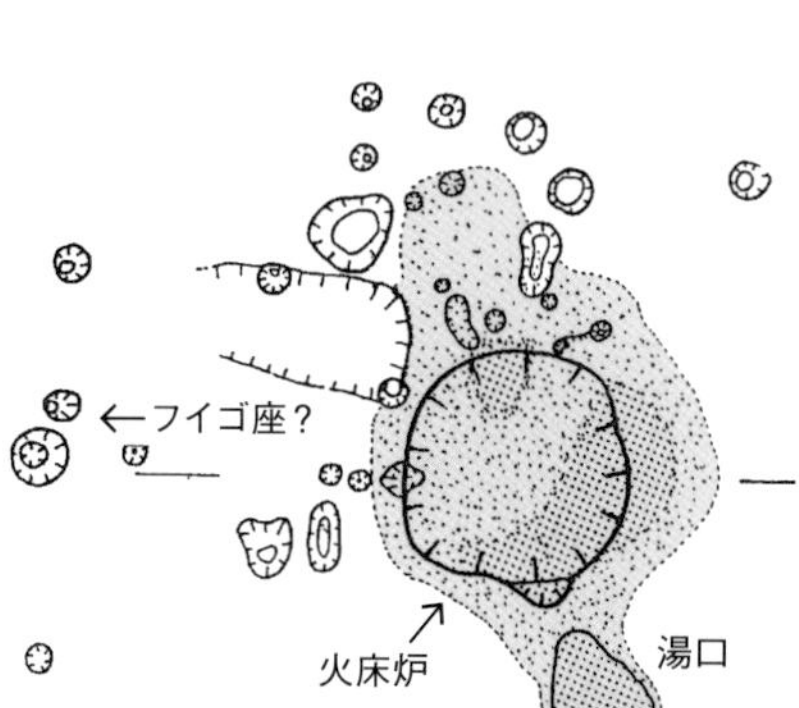

C類：B類と同じ浅鉢状の掘り込みの
炉で、被熱は強い。

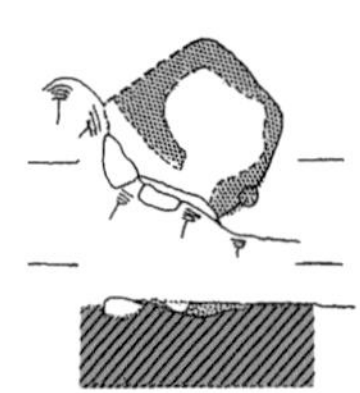

E類：掘り込みが浅い。灰が充満し、
灰吹炉か。

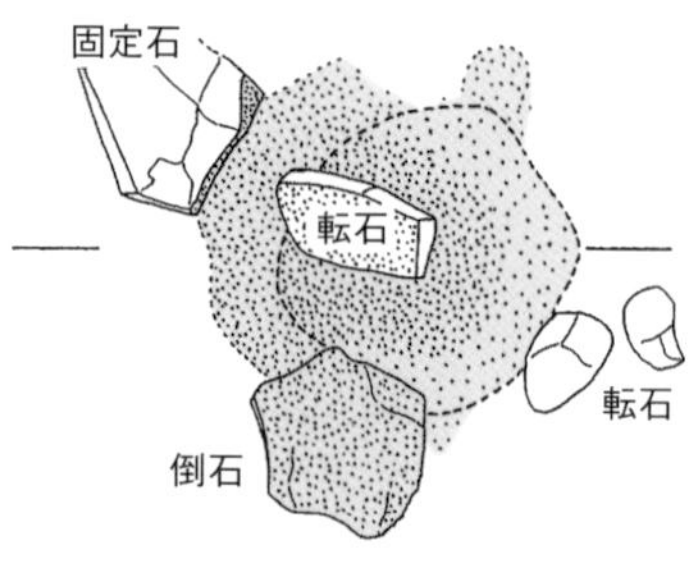

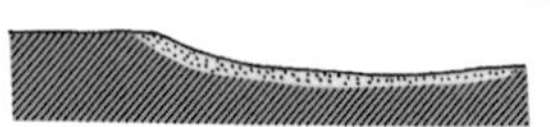

B類：掘り込みが浅い。

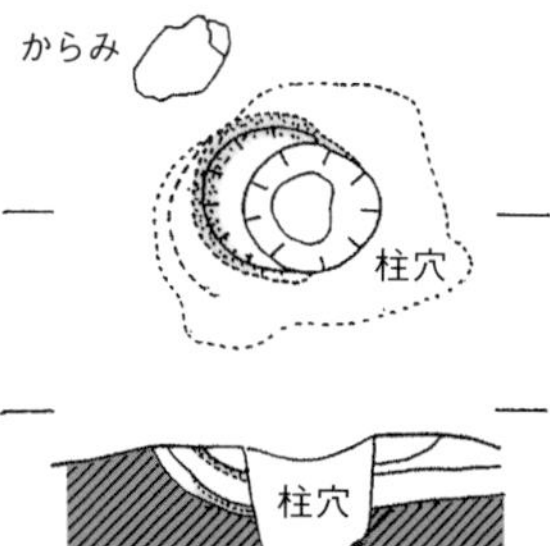

D類：掘り込みが深い。近世のもの。

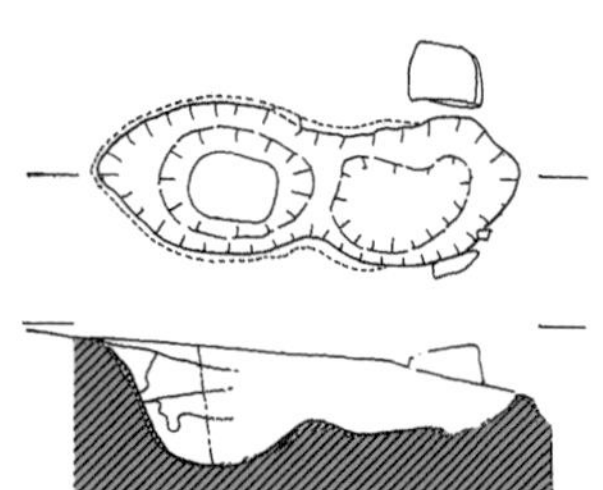

F類：2段構築で鋳造炉か。

図31●炉跡の形態分類

センチ程度と深いU字形の炉である。被熱痕跡は弱く、炉底に木炭を遺存しており、鋳造関係炉と推定できる。八世紀前半のものが一基ある。

このように炉跡にはいろいろな形態があるが、炉跡から元の形を復元するのはむずかしい。そこで関連する遺物からさぐっていくことになる。

炉壁

さきに大切IC区の製錬場跡から出土した特異な炉壁片（B類）についてふれたが、これは炉の口縁部にあたり、径二センチの粘土紐を輪積みにして厚さが二センチあった（**図32右**）。製錬炉のものではなく、精錬作業をおこなった熔解炉（コシキ炉）の壁とみられる。内面が熔融していないので、使用前に破損して廃棄されたのであろう。

出土した炉壁片（A類、**図32左**）の多くは、厚さ四センチ前後で、五〜一五センチ大に破損

図32●出土した炉壁片
左：A類の炉壁。炉壁の内面で、熔融したカラミが付着して灰黒褐色になっている。
右：B類の炉壁。径2cmの粘土紐を芯にして輪積みしたもの。

した小塊である。内面は黒褐色で、鉱滓が付着してガラス質に熔けたものもある。高温のガスにより熔融したもので、断面を観察すると、内側から五ミリくらいが非常に硬い黒色のガラス質で、外面にむけて硬質の灰色、硬い赤褐色、脆い薄赤色、被熱の弱い黄褐色の順となり、これより外面は剝離している。

もとの炉壁の厚さは口縁部の復元で一四センチ前後と推定できる。炉材に二ミリ大の石英粒が多く含まれており、耐火度に優れている。スサを混入したものもある。

製錬炉の炉壁でも、芯に粘土紐や粘土帯を輪積みにしたものがみつかっている。径三〜五センチ程度の粘土紐で、炉構築の際、立ち上がりの芯として、さらに内外面に貼りつけたのであろう。なお、内面に修復用の粘土を貼ったものもある。さきに炉は銅をとりだすために壊されたと記したが、一度操業した後、補修してふたたび操業する場合があったことを示す。三回の修復痕をもつものもあった。

炉壁内面に径二〜三センチ前後の孔があいていたと思われる炉壁片がみつかっている（図33）。これは炉内に風を送るための風孔の痕と思われる。風孔内にはカラミが炉内から外へ逆

図33●風孔があいた炉壁片
左：炉壁の断面で、左側（内側）上方に孔があいていた痕跡がある。右側（外側）は大部分が剥落している。
右：炉の内壁。左側に径3cm程度の孔があいていたことがわかる。

流した痕がなく、つねに外部からの送風が維持されていたことがうかがえる。

炉壁片の内側の曲面から推定すると、炉の内径はおおむね三〇〜五〇センチで、天地方向に曲面はないため、円筒形をしていたと考えられる。以上のことから、炉は直径五〇センチ前後の円筒の竪型炉と推定できる。先に記したA類・B類の炉がこれに該当するであろう。

羽口ほか

このほか、炉にかかわる遺物としては羽口片が出土している（**図34**）。羽口とは炉内に風を送り込む管の先端部分のことで、一〇世紀後半以降のものは多数出土しているが、八〜九世紀の大切製錬場からの出土は非常に少なく、これまでの調査で十数点にとどまる。

長さは一五センチ、外径は八センチ程度、風孔径は二〜四センチで、火口の外面が熔融してガラス質

図34 ● 出土した羽口
奈良時代の大切谷では出土が少ない。平安時代の山神区では大量に出土し、羽口の裾がラッパ状に開くバルブ羽口（右端下）が多い。

になったものもある。これらは、裾部がハの字状に広がって風孔が漏斗状となり、いわゆるバルブ羽口の類と考えられる。バルブ羽口とは、羽口中ほどの風孔に送風管が接続され、送風と空気吸入の二つの機能をもつものである。

奈良時代の羽口が少ないのは、溶媒剤として製錬中に熔融しつくされたとする考えもあるが、先ほど炉壁でみたように（図33）、炉自体に風孔を設けてあることから、羽口を使わずに炉壁に直接竹管などを差し込んで送風したと考えられる。

そのほか、奈良時代後半期の大切ⅢC区から、坩堝三個体分の破片が四個出土している。復元すると径二五センチ、深さ七・五センチ、厚さ二・八センチの大きさで、内面が被熱する（図35）。遺跡全体では、大切ⅣC区で平安時代のものが一点出土したが、きわめて稀である。

鍋の鋳型が、大切ⅣC区の作業面整地層のなかから一点出土した。内径約一六センチ、深さ四・五センチ、厚さ三センチの鋳型に、さらに粘土を張りつけてより小さな鋳型としたもので、内径一四センチ、深さ六センチ、厚さ約五センチである。九世紀の製錬作業場の床下に埋設されており、作業場造成の地鎮に使用されたと推定される。銅インゴットの鋳型とみる説もあるが、器形が深すぎるきらいがある。百姓が私的に銅製品を

図35 ● 出土した坩堝片
復元内径15cm弱の小さな坩堝の破片で、内面は熔融したカラミが付着して暗灰褐色をしている。外面に付着物はない。

鋳造していた九世紀中ごろ〜後半のものであろう。

柘榴石や孔雀石の残片も出土している。石灰岩や粘板岩に付着した小片で、銅の含有量が少ないので放棄されたものであろう。なかにはまれに磁硫鉄鉱石や輝鉄鉱石が出土しているものの、用途は不明である。

カラミの考古学

製錬の廃棄物であるカラミ（銅滓・金クソ）は大量に出土している。大多数が五〜一〇センチ大に割れているが、原形を保つと推察される三〇センチ大のものが一〇〇個体以上ある。カラミは元来、産業廃棄物だが、その形状から銅の生成過程を考察することができ、金属生産技術を解明するうえでは重要な遺物といえる。カラミにはつぎのような種類がある。

流状滓（**図36**）　古代の大切製錬場で普遍的に出土するのが流状滓で、表面に径一センチから三セ

図36 ● 出土した流状滓
中央のカラミの左上が一段高く、竪型炉のカラミ排出口から紐状のカラミが放射状にゆるやかに流れ出て、冷えて固まった様子がうかがえる。重量は9.7kgと重い。操業1回分とみられる（図41参照）。

ンチ前後の帯状の流出痕が放射状に残る。これは一つの出口から半液体状のカラミが連続的に流出して、緩斜面に幾重にも堆積し、冷えて固まったものである。大きいもので五〇センチ前後、厚さ一〇センチ程度ある。裏面には砂粒痕があり、炉外の浅い土坑に滞留したものと考えられる。

椀形滓　断面が椀形をしていて、表面に薄い帯状の流出痕が残るもの。基本的には流状滓と変わりはないが、放射状の流出痕が明瞭でないので、カラミが排出される口のところで堆積したのであろう。裏面は砂粒痕があり、土坑に堆積したものである。

径二〇センチ前後の小型のものが多く、大切ⅣC区の平安時代の遺構から多く出土している。近年、遺物整理の過程で椀形滓の底に、楕円形の「床尻銅」（炉の底にできた銅）を確認できた（**図37**）。金属銅は比重が重いので下にたまるが、カラミは割りやすいため簡単に分離採取できる。この床尻銅を再熔解してインゴットにした可能性が考察される。

図37 ● 床尻銅が残る椀形滓（大切ⅡC区3T）
椀型の土坑に流出して堆積したカラミ。底に6×4.5cm、厚さ1.1cmの床尻銅（図42参照）がくっついているのがみつかった。緑青をふいている。

近世になると、椀形滓は大型になり、径六〇センチ前後に達する（**図38**）。それらは硫化銅鉱石の酸化製錬でできたものである。表面は平らで、帯状の流出痕や気泡がみられることから、火床炉からゆっくりと土坑へ掻きだされたのであろう。

塊状滓（**図39**）　流状滓や椀形滓と見た目や成因も明らかに異なると考えられるものに塊状滓がある。これは一〇〜二〇センチ大の熔融したカラミの塊で、全体的に気泡が多く、木炭片を包含しているのが特徴である。燃料の木炭が燃焼しきらず残っているので、熔解中の産物と推定でき、製錬途中で炉が破損して廃棄されたものであろう。製錬初期の奈良時代前葉の産物と考えられ、出土数は限られる。

円盤滓（**板状滓**）（**図40**）　厚さ五〜一〇ミリの薄い板状のカラミで、元来は径二〇〜三〇センチ程度の円盤状であった。火床炉内で熔融したカラミに水をかけて冷まし、固め剥がしとったものである。火床炉内には銅鉄合金（鈹(かわ)）・床尻銅の層が残る。水

図38●江戸時代の大型椀形滓（東吹屋製錬跡）
約60×50㎝の大型の椀形滓。表面は平坦で、古代のものとは様相が異なる。火床炉からゆっくりと掻き出されたカラミである。

で冷まして固めるため、縁は内側に反りあがり、表面にガス抜きの気泡痕が残るが、表裏とも非常になめらかである。硫化銅鉱石の酸化製錬でできたカラミと考えられる。

長登銅山跡では一五世紀以降の炉跡で多く出土し、近世の吹屋（ふきや）製錬跡では五センチくらいに砕かれたものが大量に堆積していた。なお、古代の大切ⅢC区でも薄い板状のカラミが十数点出土しており、精錬炉の産物であろう。

古代製錬炉の復元

以上から、古代の製錬炉を推定してみよう。

かつては、古代の製錬炉も江戸時代以降の炉と同じく火床炉形式と考えられていた。しかし、長登銅山跡の発掘調査でみつかった炉跡は、大部分が破損して基底部しか残らず、炉の原形を推定するのは難しいものの、火床炉形式とは考えがたい遺構が多くあった。そこで、多数出土している炉壁片の形態や

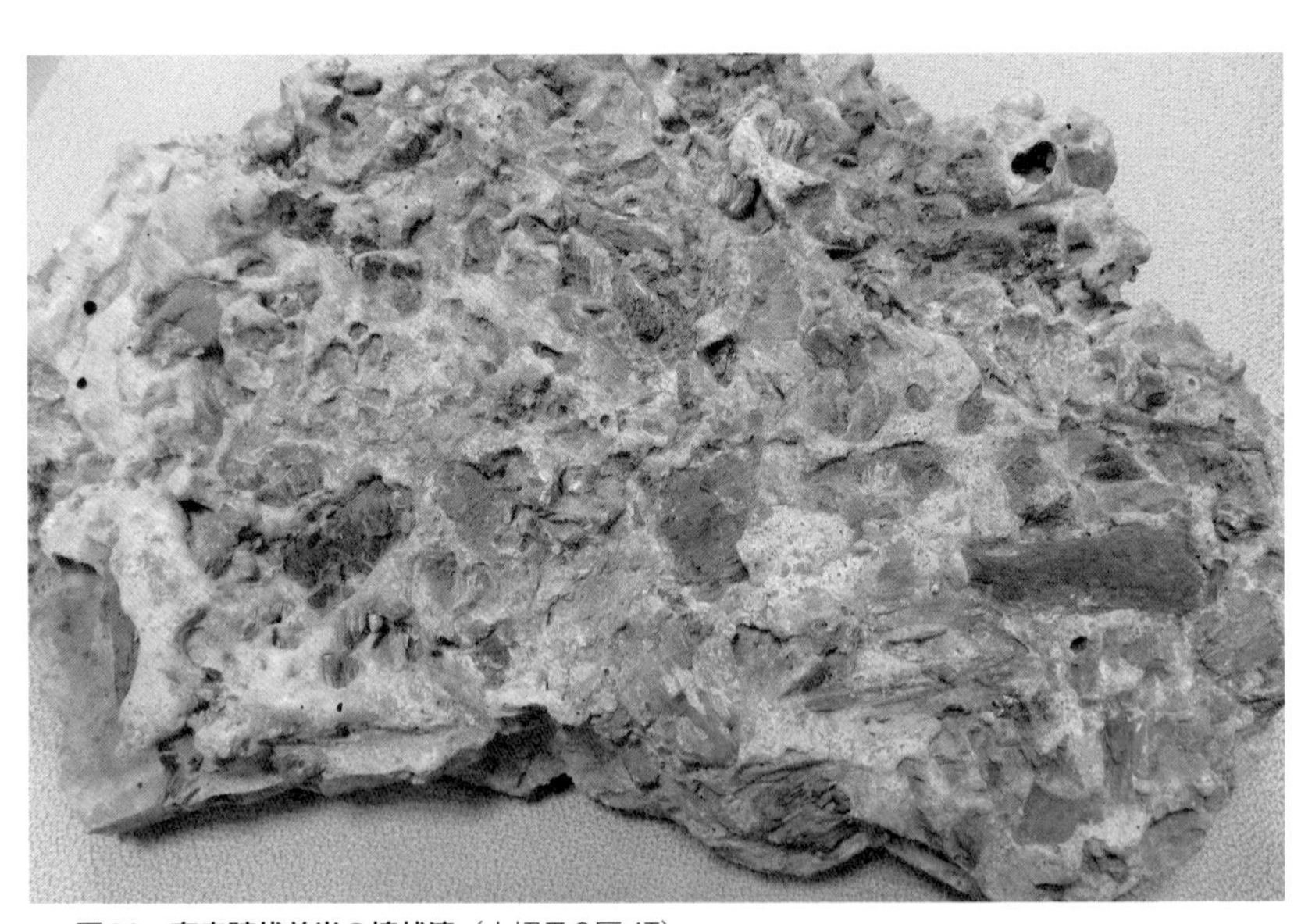

図39 ● 奈良時代前半の塊状滓（大切ⅢC区4T）
気泡・木炭を多く含有し、金槌で叩いても割れないので銅鉄合金に近いと考えられる。再熔解が難しいため、古代においても放棄せざるをえなかったと考えられる。

カラミから炉の復元を試みた。

まず、炉壁片は粘土紐を輪積みした芯が認められ、地表に立ち上がることがわかる。厚さ一四センチの口縁部は、ほぼ原形をとどめているとみられる。また、炉壁の風孔は炉壁を貫通する送風機能の一つと理解でき、炉壁はやはり地上に構築されたと想定される。前述したように、大切製錬場からの羽口の出土数は極端に少ない。これは、炉壁の風孔に直接送風管を接続したため、それで送風機能が事足りたことをうかがわせる。

カラミの形態は、大切製錬場では「流状カラミ」が普遍的であり、古代のカラミといえる。一カ所の口から、半液体の紐状のものが放射状に広がったものので、地面より上にカラミの放出口があったことがわかる。これらは古代銅製錬復元実験の竪型炉で実証することができた（**図41**）。

上記の観点から、古代の製錬炉は地上に立ち上がる円筒竪型炉が復元される（**図42**）。製錬では、木

図40●中世の円盤滓（古山ⅠC区1T）
径25㎝の円盤形で、縁辺部が内側に反りかえっている。出土するものはすべて小さく割れて板状になっているが、元来はこのような円盤形である。

図41 ● 竪型炉から流出する流状カラミ
製錬実験で想定復元した炉から流出するカラミ。ミミズがはうようにつぎつぎと流出し、固化して流状滓の形になった。

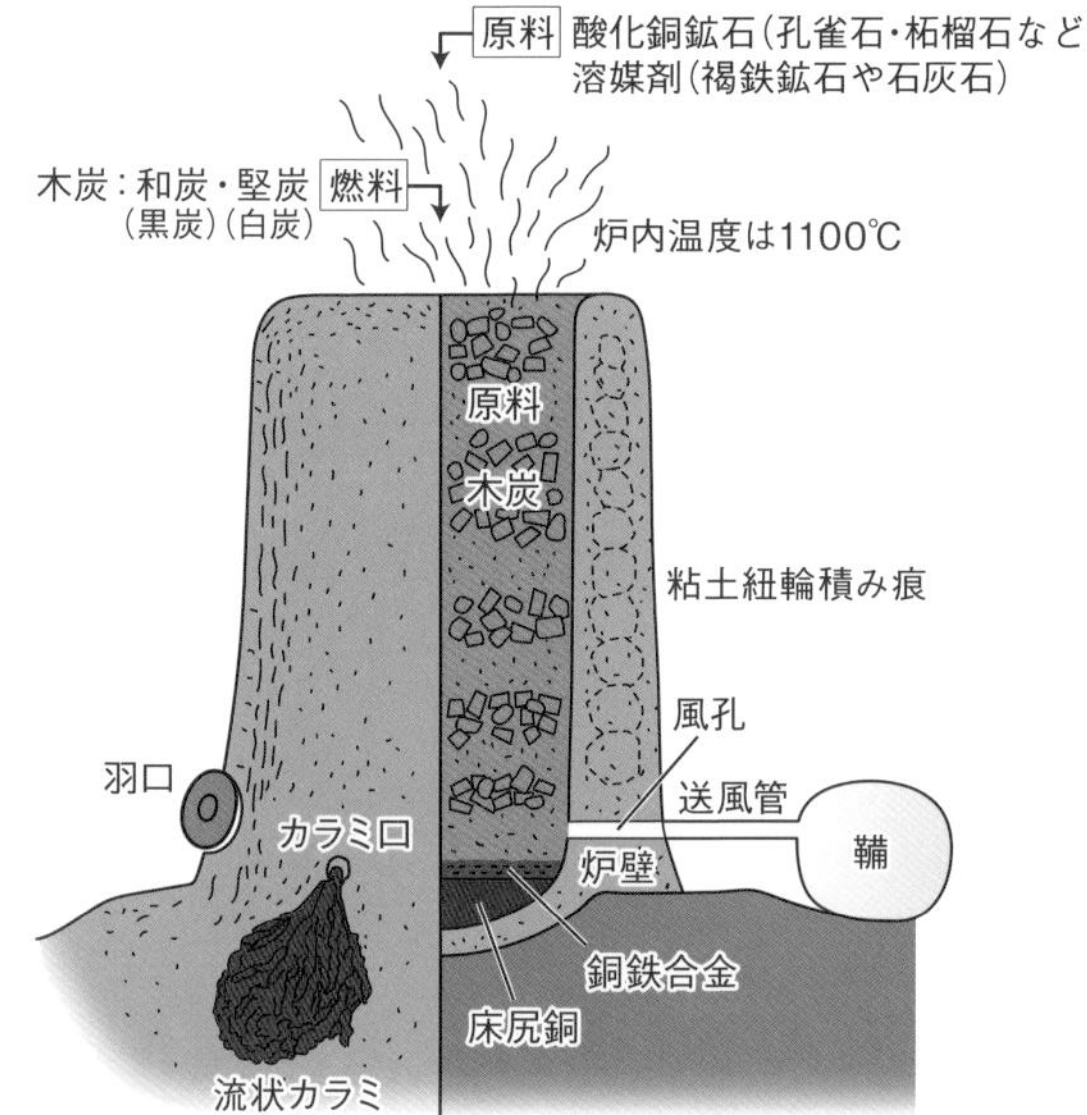

図42 ● 古代製練炉の復元想定図
地面を少し掘りくぼめて、内径30～40cmの円形竪型に粘土を積みあげていく。壁の厚さは10～14cmで、高さは60～90cmになる。

炭と鉱石を交互に入れて、送風管から風を送り、木炭を燃焼させて酸化銅鉱石を還元したのだろう。軽い珪酸はカラミとなり、鉄も熔解するが、銅は比重が重いので下降して炉底にたまることになる。

第2章でみたように、長登銅山跡で出土した鉱石残片は柘榴石や珪孔雀石などの酸化銅鉱がほとんどであり、酸化銅鉱石の還元製錬は竪型炉でなければならない。

なお、長登銅山で製錬した鉱石が酸化銅鉱なのか、それとも硫化銅鉱なのかについては議論があった。かつてはカラミに硫黄が認められたので、原料は硫化銅鉱だと解釈されたこともあった。

しかし、製錬滓の化学分析（定性分析）では、CU（銅）／S（硫黄）比が古代では二〜五〇という結果が得られた。一般的に製錬滓のCU／S比が一以上であれば酸化銅鉱石の製錬滓とみる国際的な研究成果があることから、八世紀段階は酸化銅鉱石の利用にとどまっていた可能性が強い。とはいえ、これも決定的な判定基準にはならないようで、カラミに内在する脈石成分の比較検討など諸要素を総合的に判定しなければならない。

4　粘土と木炭

粘土採掘坑

こうして炉のかたちを復元したが、製錬作業にかかわる他の遺構もみていこう。

まず、炉の構築には粘土が不可欠である。長登銅山跡内では粘土採掘坑跡が数カ所みつかっている。そのうち大切ⅠC区（九世紀）では、丘陵斜面に長径一メートル、幅六〇センチ、深さ四〇センチ前後の土坑が連続的に掘削されていた。

ここには花崗斑岩が風化してできた粘土が堆積していた（**図43**）。白色粘土のなかに二〜三ミリ大の石英粒を多く含み、耐火度にすぐれた粘土といえる。実際にこの付近の粘土で炉を構築して製錬実験をおこなった結果、炉は壊れることなく、耐火度の高い粘土であることが実証された。このほか大切ⅥC区（九〜一〇世紀）の黄色粘質土帯でも粘土採掘坑がみつかっている。

出土遺物では、八世紀の木製のヘラが数点出土した。楕円形や幅の狭い羽子板状など形はさまざまだが、炉を構築する際の成形に使用され

図43●粘土採掘坑跡（大切ⅠC区2T）
斜面に連続して掘られていた。この場所の粘土は白色で、2〜3mmの石英粒を多く含み、耐火度に優れている。製錬実験で1350℃まで耐えられることを確認した。

たと考えられる。

木炭窯

製錬では大量の木炭を消費する。一般的に、製錬用の木炭には「白炭」と「黒炭」があった。白炭は焼成途中で木炭を掻きだし、砂などをかけて消した硬い生焼けの炭で、炭素の残存量が多く、持続力に優れる。これに対して黒炭は、古代には和炭（ニコズミ）とよばれ、軟質で着火力に優れていた。製錬には両方が使用されたと考えている。

長登銅山跡では、大切ⅠC区から、傾斜地の地面に穴を掘り抜いて構築した炭窯跡がみつかっている（**図44**）。幅八〇センチの浅いU字をした溝が四メートルつづいており、当時は推定内高五〇センチの穴だったと考えられる。窯内には径五センチ前後の木炭が遺存していた。軟質の黒炭で、時期は確定できないが古代のもの

図44 ● 炭窯跡（大切ⅠC区5T）
和炭（ニコズミ）とよばれた軟質の黒炭を焼成した窯跡。
出土したのは窯の下部。右下に炭が残っている。

と考えている。

列島各地の古代製鉄遺跡では白炭を焼成した窯が出土しているが、長登銅山ではみつかっていない。第4章でふれるが、長登銅山跡から出土した木簡に、地区外から「堅炭」を大量に搬入した記録がある。この堅炭が白炭と考えられる。白炭の焼成には高度な技術が必要なため、外部から調達していたのであろう。

なお、長登銅山跡の堆積土中に残る花粉分析の結果、古代は原生林のアカガシなどが長年植生し、皆伐によるマツ属の発生は時代が下ることが判明している。したがって、奈良時代には樹木を皆伐せずに管理していた可能性がある。

5 大溝と排水溝

これまでの調査で、製錬作業場のある丘陵部の左右には、自然の谷地形に沿った溝があることがわかっている。南北方向に大溝が三条あり、それぞれが東西方向の大溝に合流して、東側の谷間の出口に流れていたと考えられる。

なかでも南北大溝②は、谷地形を人工的に整形して、幅が上面で一二メートル、底で七メートルの水路にしている（**図28参照**）。谷底に堆積した遺物の出土状況などから、谷水を堰き止めた井堰があったと考えられるが、遺構はまだみつかっていない。

また、大切ⅢB区から大切ⅢC区にかけて暗渠（あんきょ）の排水溝がみつかった（**図45・46**）。下流には

図45●大切ⅢＢ区1Tの発掘調査
大切谷の北側石灰岩台地の南斜面で、写真奥のトレンチ南端の谷底は深さ4ｍに達する。南北方向の暗渠排水溝がみつかった。

図46●暗渠排水溝（大切ⅢＢ区1T～大切ⅢＣ区）
幅40㎝、溝内の高さ70㎝で、東西にのびている。このような高度な技術で暗渠を施設したことに驚くが、土地利用上の問題があったのだろうか。左の壁面に後世の開渠のＶ字状溝がみえる。

東西大溝があり、途中は未発掘だが、これに接続するのであろう。中近世以降とみられる複数のＶ字状の溝の下部に位置し、地表下四メートルの深さにある。

暗渠排水溝の構造は、溝底の両側に径八センチ、長さ四メートル前後の樫材の底側木を敷き、幅が狭くならないように一メートル前後の間隔で突っぱり木を渡している（図46）。底木の上には、四〇～六〇センチ間隔で、長さ七〇～八〇センチの側木を立て、さらにこの上に横木を架設していた。

溝の内法は、横幅四〇センチ、高さ七〇センチ前後となる。これがもう少し広ければ、中国湖北省の銅緑山遺跡にみるような坑道跡とも解釈できるが、溝内には厚さ二五センチの白色粘土が堆積していたので、排水溝と判定した。西谷頭からの谷水や選鉱で生じた泥土などを排出したものであろうか。暗渠とした理由は、狭小な谷の地表面を有効利用するためとしか考えられず、構築時期は明確でないが九世紀代と考えられる。

以上、一〇年にわたる発掘調査で、長登銅山における銅生産の様子が少しずつ解明されてきた。銅製錬技術についてはわからない点がまだ多いが、復元した炉の製錬実験によって古代の技術にせまることができたと考える。しかし、まだ古代の匠たちの技量にはとてもおよばない。今後も追究が必要である。

第４章　木簡からみた生産の実状

1　長登銅山の役所は

木簡の出土

長登銅山跡では現在までに八三一点の木簡が出土しており、古代の銅生産体制の究明に画期的な成果をあげている。出土地点は広範におよぶが、大切ⅢC区とⅡC区から比較的まとまって出土している（図47）。遺跡にはなお多くの木簡が埋蔵されているので、将来的な調査と解明が期待される。本章では、木簡（および墨書土器）から、長登銅山の生産の実状をみていくことにしよう。

長登採銅所

冒頭で述べた、東大寺大仏に長登銅山の銅が使われていたという報道を受けて、一九八八年

図47 • 大切Ⅲ C区 4Tでの発掘と木簡の出土状況
南北大溝②の底には多量の木簡をはじめとする遺物が堆積していた。調査は慎重に記録をとりながら、1m掘り下げるのに約3カ月を費やした。

夏に試掘調査をおこなった後の九月のことである。

試掘調査は八月二〇日～三一日の一〇日間ほどであったが、限られた期間でどうしても満足のいかない調査だったため、九月一一日の日曜日に現地に赴いた。ちょうど見学に来た下関市教育委員会の故・水島稔夫氏と、数日前の雨で崩れていた試掘坑の崩落土やカラミのなかから二、三片の須恵器を採集した。泥にまみれた小さなカラミと土器片のみきわめはむずかしく、ゆっくりとした時間のなかでこそ採集できたといえる。

一〇月ごろだったと記憶しているが、暇をみつけてはこれら須恵器を洗浄していると、墨書があるのがみつかった。一一月四日に文化庁から松村恵司調査官が来町し、墨書土器は古代史の専門家に鑑定を依頼することになった。山口大学の八木充氏に鑑定を依頼すると「大家＝おおやけ」と釈読でき、長登銅山の中心的建物を指すだろうというコメントであった（図5参照）。この墨書土器の発見によって、長登銅山に官衙があった可能性が濃厚になったのである。

当時の銅山は官営で、当然、生産をつかさどる役所があったはずだ。『日本三代実録』によると、平安時代の長門国には「長門国採銅所」とよばれる役所があり、そこが長登銅山を管轄していたと考えられるが、奈良時代の役所はまだ明らかでない。

三五〇号木簡（図48）には「進上米一石　雪山　送人神部石□」とあり、「雪山」に米を送っていることがわかる。また、三九七号木簡には「雪山政所」、五三七号木簡には「苻雪邑山□□〔長等カ〕□」といった記載がある。このことから長登銅山の役所を、雪山（イキヤマ）もしくは雪邑山とよんでいたことがわかる。八木氏は、「雪」の文字から「雪伕（伎）里」との関連を推測し、雪伎採銅所と仮称している。

このほか、三九四号木簡に「御古山進上」という記載もある(図48)。「古山」は長登銅山跡内に同名の小字名があるが、これは近世につけられたようだ。採掘現場の部署名とも考えられ、長登銅山に複数の役所の建物が点在していたことが推定できる。

発掘調査では、広大な製錬遺跡を対象としていたので、仮に「長登製銅所」とよんでいた。しかし、採鉱と製錬は現地で一体であることから、奈良時代の長登銅山にあった役所を、木簡研究者の畑中彩子氏が仮称しているように、「長登採銅所」とよんで話を進めよう。

三五〇号木簡

進上米一石雪山　送人神マ石□

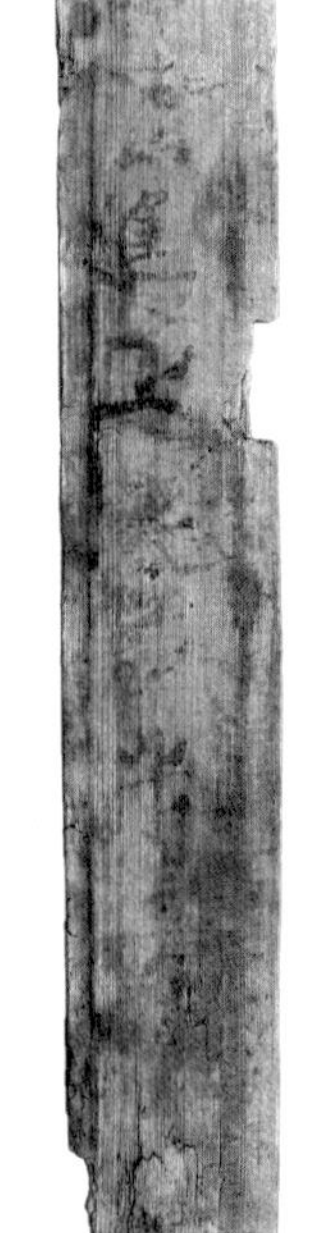

三九四号木簡

御古山進上春米米七□

(裏)　天平三□〔年カ〕六月

図48●長登銅山の役所を示す木簡
350号木簡は、雪山政所に米を送った文書で、長登銅山には複数の出先機関があったことがわかる。394号木簡によると、「古山」にも舂米(臼で搗いて精白した米)を送っており、731年(天平3)には新しい山(採掘場)があったといえる。

役所はどこか

長登採銅所の役所跡はいまだ確認されていないが、大切ⅢC区とⅡC区で木簡が多く出土し、かつ製錬作業場が多いことから、この周辺に役所があった可能性が高く（大切ⅢC区4Tの土手下が有望な候補地だが、調査にいたっていない）、関係する遺物も出土している（図49）。

役人が使用したと思われる遺物には、須恵器や都城系の土師器、硯などがある。「大家」と書かれた墨書土器以外にも赤色塗彩した祭祀用の須恵器皿に「大」のヘラ描きがあり、いずれも長登採銅所の長官をさすと考えている。木簡の「大殿」も同様かもしれない。そのほか「□□福」「駿王野」「銅」「姜」「合」「酒」「女」「本大」などと書かれた墨書土器もみつかっている。「□□福」「駿王野」は人名であろうか。これらの墨書はおおむね八世紀中ごろから後半のものである。

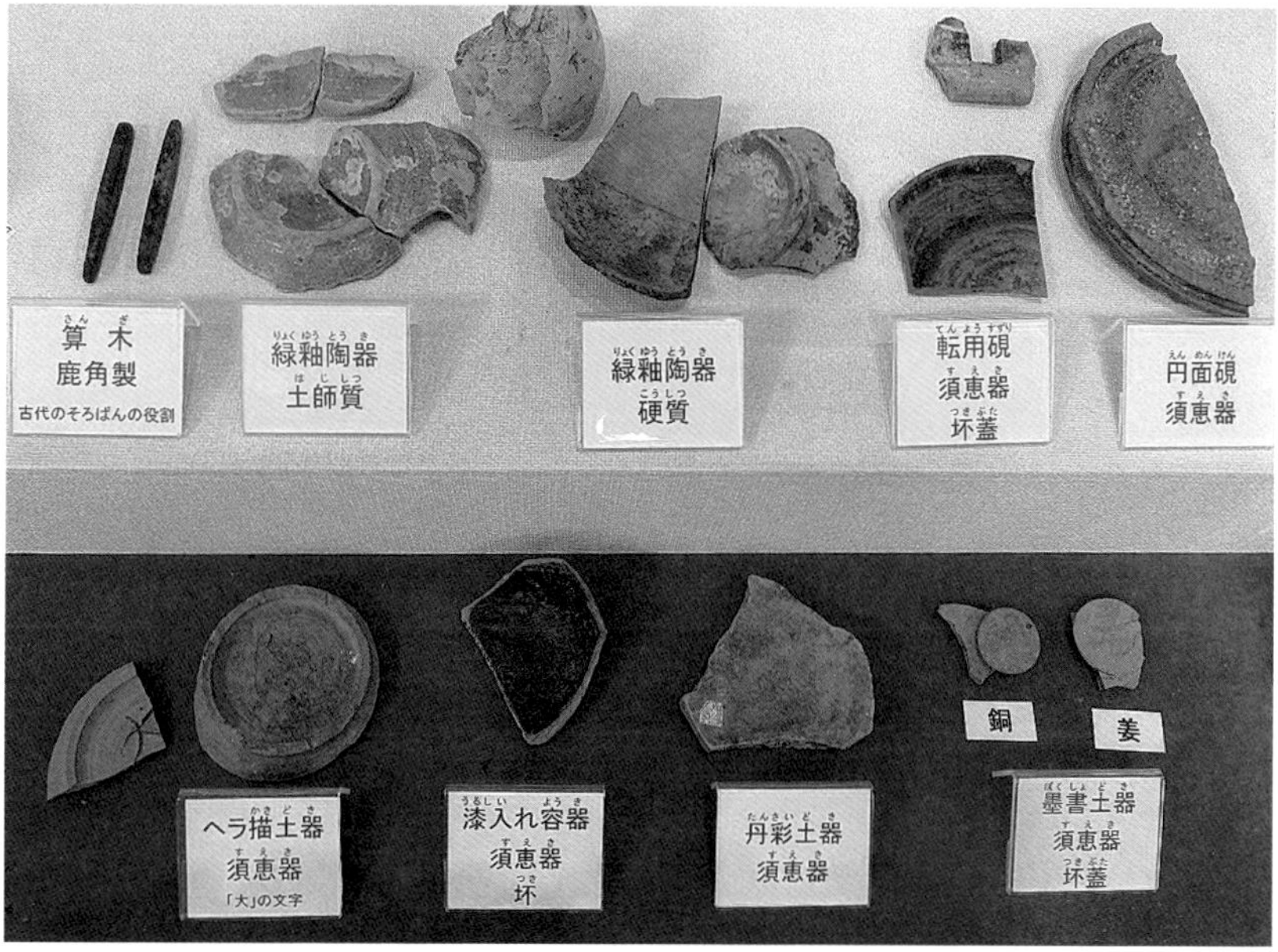

図49 ● 役所があったことを物語る遺物（長登銅山文化交流館展示）
上左から、鹿角製算木、高級役人が使用した緑釉陶器、硯に転用した須恵器蓋、円面硯。
下左から、刻書土器「大」、漆入れ椀、祭祀用丹彩土器、墨書土器「銅」「姜」。

硯は、須恵器の蓋・坏の転用硯が多いが、円面硯の脚も出土している。そのほか碁石、木製の物差し、鹿角製の算木などがある。また、大切ⅡC区から出土した木片を洗浄していて長さ約一二センチの刀子をみつけた。刀子は刃部四〜五センチで、幅は三〜八ミリとかなり使いこまれている。役人の落とし物であり、「刀筆の吏」を彷彿とさせる。

2 採掘の実状

採掘現場の具体的なようすはどうだったろうか。五五三号木簡には「語部足奈穴師等」、六一一号木簡には「穴十五人」などの記載があり（図50）、これは採掘坑内での労働を示すものとみられる。

五五三号木簡に記された「穴師」などは、八八五年（仁和元）に長門国から豊前国採銅使に派遣された技術指導者の「掘穴手」「破銅手」（『日本三代実録』）に通じるものがあり、技術工人は「師」「手」とよばれていたと考えられる。奈良時代には「師」と尊称されていたが、平安時代には手工業を掌る多くの技術工人たちが生まれ、「手」と表現されるようになったのだろう。

平安時代中ごろに大江匡房が対馬銀山での採掘・製錬について著した『対馬国貢銀記』には、蜀（ハギの松明）を持つ者、鑿で採掘する者、運搬する者の三人一組で入坑したとある。三六五号木簡には「穴作三」とあり、『対馬国貢銀記』にみるように採掘の一グループの人数を示し、採掘現場の穴掘りに三人が従事したことをあらわしていると思われる。そうすると「穴十五人」は五組の採掘グループが同時稼業していたことになる。

さて、鉱山での労働は、江戸時代以降、一人一日平均三六貫目（一三五キログラム）の採掘で、交代制であったことが各地の鉱山資料から知られている。古代においても一日の採掘量についてはおよその規定があり、交代制であったと考えられる。それでも、薄暗い坑道のなかでの労働は苦痛と不安にさいなまれる過酷なものであったろう。九三号木簡（**図51**）には合計八十八人の逃亡者記録があり、採掘現場からの逃亡と推察される。ただし、この集計が半年分か一年分かは不明である。

五五三号木簡

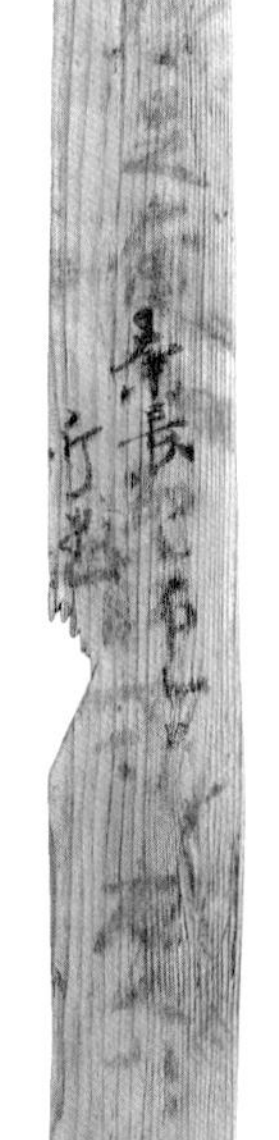

語マ足奈「奈長」穴師等　右人□□
「斤枚一」

六一一号木簡

穴十五人□

図50●採掘作業にあたった人を示す木簡
553号木簡は、「語部足奈」が穴師であったことを意味している。「奈長」「斤枚一」は後に書き足された文字である。611号木簡の「穴」は採掘現場のことであろう。

図51 ● 逃亡者を記録した木簡
「逃」の文字は、当初「逃」か「送」か判読がむずかしかったが、保存処理後に「逃」に落ち着いた。右横に一のついた数字の四、六などを集計して40人、丸でかこんだ数字十二を集計すると48人で、合計88人となる。下左の七十八は四十八の誤りか。いずれにしても、どの数字も偶数であることに注目。

九三号木簡

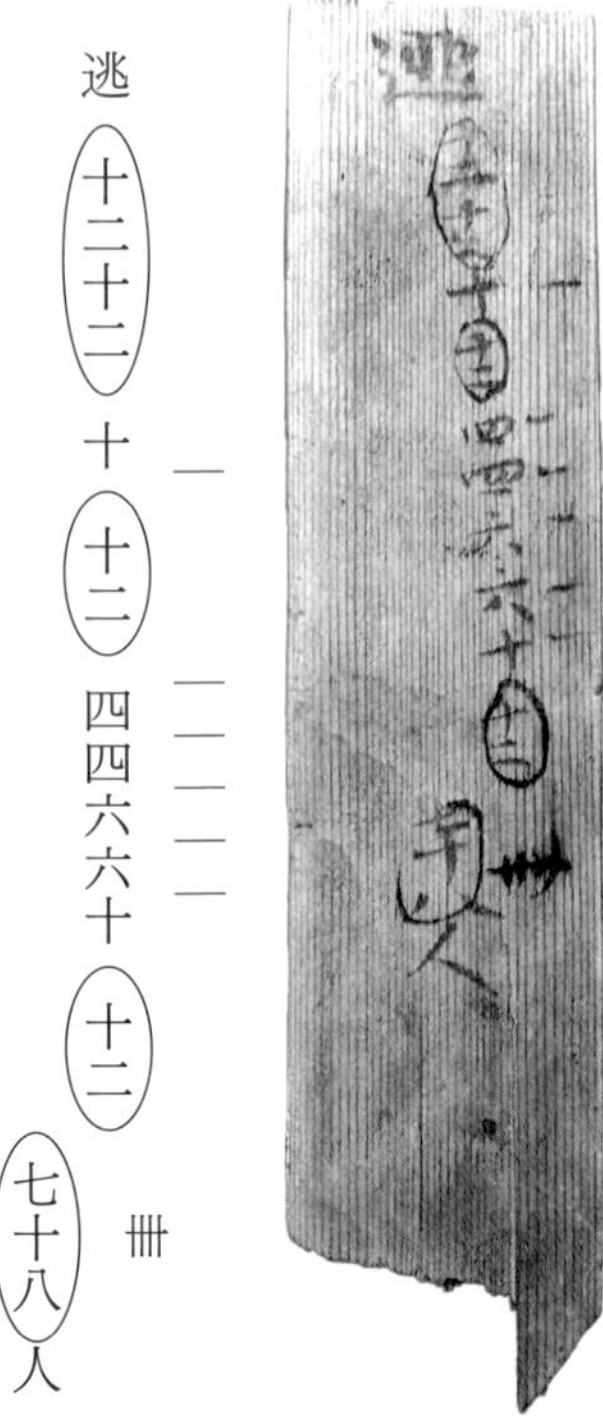

図52 ● 採掘・運搬用具とみられる遺物
左：目籠（上）、竹籠（下）の出土状況。右：大型の曲物。明確ではないが運搬用具と考えられる。

なお、逃亡者数がすべて偶数であることから、この逃亡者は各郷里から二人一組（力役に従事する人とその食事の世話をする人）で動員された仕丁（立丁と廝丁）とする説がある。廝丁もともに作業に従事させられるようになるので、妥当な見解と考えられる。

鉱石の採掘・運搬用具は発見されていないが、採鉱用具としてはおそらく鉄製の鏨と鎚で採掘したであろう。製錬作業場から出土した竹製・木製の籠や大型の曲物（図52）などは運搬容器として利用されたと推定できる。

3　製錬の実状

工人グループ

製錬の現場は、匠丁（工人、技術者）を中心に、役夫や仕丁・雑徭などの力仕事に動員された人夫が配置され、グループで作業していたと考えられる。

工人グループの実態は、「製銅」（以下、銅インゴットをこの用語で表記する）に付けられていたであろう「製銅付札木簡」（図53）から推察できる。これまで五九点出土しており、送り先・出来高斤数・枚数・製造した工人名・操業月などが記され、製錬の様相が具体的にわかる。

工人名には、野身連・大神直・額田部・日下部・矢田部・大田部・日置部・凡海部・三隅凡海部・下神部・神部・大伴部・膳大伴部・安曇部・車持部・杖部・靭部・語部・弓削部・秦部・宇佐恵勝などがある。秦部や宇佐恵勝は渡来系氏族と考えられる。八五号木簡には「安曇石田功外」とあるので、複数の工人が一グループの作業に携わっていたと考えられる。

垣間見る工人の仕事ぶり

できあがった製銅に付けられた木簡が長登銅山跡から出土する理由は、出荷時に荷造り再編で整理し、供給先ごとに新たな伝票・帳簿などを作成・添付して、それまでの個票が廃棄されたためだ。特定の宛先の木簡がほぼまとまった状態で出土したので、集計整理された後に一括廃棄された個票であることがわかる。

これらの付札個票をまとめた集計帳簿と考えられるのが大型の三四一号木簡（図54）である。「掾殿」へ送る斤数がまとめてあり、大斤七二三斤（三一枚）、小斤二四二四斤（八四枚）を送るとある（小斤は大斤の1／3）。重量を換算すると、大

三七二号木簡
調銅八十五斤枚三

三九一号木簡
（表）豊前門司五十七斤枚一
上■
（裏）秦マ酒手三月功
上□

図53 ● 製銅付札木簡
右372号木簡の「調銅」は、税の租庸調の調を示す。長門国の調は銅・綿などであった。左391号木簡の「豊前門司」は、現在の北九州市門司区の海岸にあった役所。

三四一号木簡

（表）
掾殿銅　大斤七百廿三斤枚卅一
小斤二千四百廿四斤枚八十四　朝庭不申銅　天平二年六月廿二日

（裏）
「日置若手　「語積手　「凡海マ乙万呂　凡海マ袁西
借子　日置比□　弓削マ小人　「凡海マ勝万呂　廝　日置マ廣手
大津郡　下神マ乎自止　「語マ豊田　「日置マ根手　廝　日置マ比呂
「日置百足　「三隅凡海マ末呂　下神マ□足　矢田マ大人
日置小廣　凡海マ恵得　「凡海マ小廣　凡海マ末呂

図54 ● 大型の341号木簡
長さ68.5cm、幅14cmと大型で、上端に径5mm程度の孔があいていて、壁に掛けられるようになっている。大津郡出身の工人18人（借子〔臨時の雇用者〕1人を含む）と廝丁（食事の世話をする人）2人の名前がある。

斤表示が四八五キログラム、小斤表示が五四二キログラムで、合計約一トンとなる。裏面には、大津郡日置部など二〇名の工人名が列記されており、作業に携わった工人であろう。壁にかけるような孔があるので、一定の期間掲示されていたと推定できる。

　このように製銅付札木簡は、畑中彩子氏により、①工人が長登採銅所に提出した製銅に付けられた一次的なもの、②「〇月功」と追記がある、工人の出来高を評価した部内の基本的な台帳、さらに③各製銅出来高を集計した帳簿木簡、などに分類されて銅生産の労働・管理システムが考究されている。なお、「〇月功」の表記は一カ月単位の出来高と考えられる。操業月は二月から一二月までの記載があり、いまのところ一月、八月、一一月がみあたらないが、年間を通じて恒常的に操業していたであろう。

　作業時間を想像できるおもしろい木簡がある。一四〇号木簡に「春米連宮弖（つきしねのむらじみやて）夕上米二斗一升十五日」とある。「春米連宮弖」なる人物に、「夕（午後）」の残業一五日分の手当として、米二斗一升を支払った伝票とみられる。春米連宮弖がどのような人物かは不明ながら、午後の残業となると製錬作業が考えられる。単純計算で一日に一升四合の賃金は当時の七文に相当し、雇役の一日分賃金一〇文の七割となるので、かなり長時間の残業と推測できる。ただし、連続して一五日も操業したのではなく、一カ月分か半年分の残業であろうか。

　また、三五三号木簡には「五日銅吹五人」とある。一つの作業単位を示すものかどうか不明だが、炉に空気を送る鞴（ふいご）踏みは製錬の重要な役夫であることを考慮すれば、一つの製錬炉に一〇人程度は必要であったと思われ、五人という数は製錬部署に派遣した人数と考えられる。

そのほか製銅付札の個票には、先に記した一連の表記の末尾に「上□」「下□」などの添え書きがあり、□部分が判読困難で意味不明だが、八木氏はこれを「工」と読んで、工人技術者の熟練度に上下があったと解釈する。「工」であれば、匠丁をさすものかもしれない。

木炭の製造と調達

九〇号木簡には「炭釜作十七人　和炭二人」の記録がある。炭窯造りに一七人動員し、炭焼番人二人を配置したと理解できる。ただし、長登採銅所では燃料の木炭は官衙外部から頻繁に調達されていたようで、五五・五六号木簡（**図55**）に「和炭」、一一九号木簡に「出炭」、一二三号・六三六号木簡に「炭」の記述があり、一度に三〇〜四〇石が搬入されている。「和炭」が黒炭、「出炭」、「炭」は白炭と理解され、和炭は軟質で着火も早いため、持続力に優

五六号木簡

十三日収納和炭廾六石

根万呂六石

□万呂六石

□万呂四石

五五号木簡

凡海マ根万呂十四石

土師大万呂十二石

図55 ● 和炭収納の帳簿木簡55・56号

和炭26石を調達した帳簿。左の55号木簡の記載により計算上26石が合う。

れた白炭と混合して使用したものであろう。

炭焼き工人には土師・凡海部・忍海部・日置部・刑部・大伴部の氏姓がみえる。

なお、長登銅山跡の堆積土中に残る花粉分析の結果、古代は原生林のアカガシなどが長年植生し、皆伐によるマツ属の発生は時代が下ることが判明している。これは、奈良時代には樹木を皆伐せずに、重要なエネルギー源として管理していた可能性を示唆する。同時代の大規模な製鉄遺跡、たとえば丹後の遠所遺跡などでは製鉄炉や木炭窯が数多くみつかり、一帯の森林が皆伐された様相を示している。長登銅山跡はそうしたところとは趣を異にし、官衙遺跡の性格を考えるうえで重要である。

図56●出土した生活関連遺物（長登銅山文化交流館展示）
上：役人が使用した食器類。左側が須恵器、右側が土師器。
下：工人が使用した木製品。大型しゃもじ、手斧（ちょうな）、曲物、木皿、留め針などがある。

工人たちの暮らしぶり

工人たちの住居跡はいまだ検出されていないが、生活関連遺物は多彩である。日常食膳具の須恵器・土師器・緑釉陶器・黒色土器・六連式製塩土器のほか、土錘・石器・鉄製品・骨製品・木製品・木簡・草履・籠などが出土している（図56）。また、多くの動植物遺存体（猪・鹿・鳥骨、シダ・栗・桃核、アワビ・サザエ・カワニナ等）が出土している。これらは、遺跡全体から出土する土器の年代観から、七世紀末から一〇世紀中頃の時期が推定できる。

できあがった銅

さて、できあがった銅のインゴットは、付札木簡の記載では、単位が「枚」となっているので、板状であろう。一枚あたりの重さはまちまちで、列挙すると**表1**のようになる。

もっとも重いもので一〇五斤、もっとも軽いもので一七斤、単純に平均値を求めると一枚あたり約三八斤となり、一斤を六七一グラムに換算すると二六キロ前後の重さとなる。しかし、個体にはばらつきがあって規定の容量を見出しがたく、それぞれ

表1●出土木簡にみる銅インゴットの重さ

枚数	斤数
銅１枚	105・92・85・80・75・75・72・57・55・52・45・40・37・37・36・35・35・35・33・30・30・30・29・29・24・21・20・20・17（平均 46.1 斤＝ 31kg）
銅２枚	115・93・70・66・55・53・52・38・35・22（1 枚平均 30 斤＝ 20kg）
銅３枚	180・107・87・85・75（1 枚平均 35.6 斤＝ 23.9kg）
銅４枚	605.5・108・108（1 枚平均 68.4 斤＝ 46kg）
銅５枚	120・104（1 枚平均 22.4 斤＝ 15kg）
銅６枚	111.5（1 枚平均 18.6 斤＝ 12.5kg）
銅 11 枚	510（1 枚平均 46.4 斤＝ 31kg）

（1 斤 671g で換算）

の工人グループが各々の裁量で生産していたと推測するのが妥当だ。

近年、京都府大山崎町の山城国府跡で、古代の銅インゴット六枚が出土していたのが判明した（図57）。場所は行基が建立した山崎院の一角と推定されている。

インゴットは、いずれも径二〇センチ、厚さ二センチ前後の不整円形で、断面は中央部が膨らみ、薄い半月状の鏡餅のような形をしている。表面は平滑で、裏面に小さな凹凸が著しく、浅い土坑にたまったものと考えられる。円筒竪型炉あるいは熔解炉（コシキ炉）から一時的に溶銅を流出したものだろうか。化学分析の結果は、銅・鉛の外に、錫・砒素・銀・アンチモン・コバルトなどが微量に検出され、鉛同位体比も長登銅山の値に近いとされる。

このインゴットは、一個体の重量が一・四〜二・八キログラムと軽量である。大斤表示にすると二

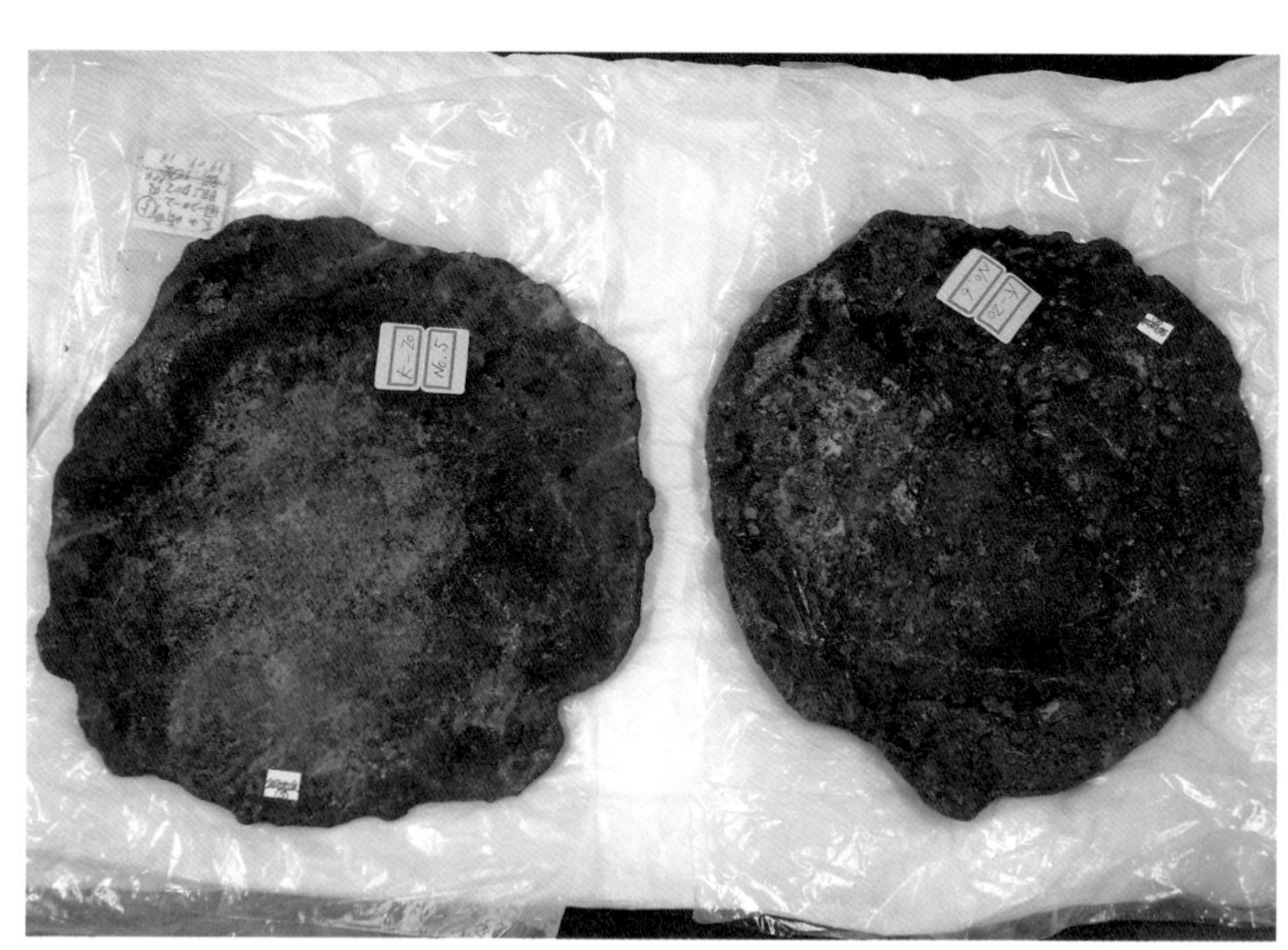

図57●山崎院跡出土の銅インゴット
茶褐色を呈し、鉄錆が多く見受けられるので、正倉院に残る丹裏（たんか）文書にみえる生銅の部類に該当すると考えられる（図58参照）。

〜四斤となり、さきの長登銅山の木簡にみる斤数とは大きなへだたりがある。小斤単位で出荷された可能性もあり、そうすると一個体七〜一二小斤となる。

先に紹介した三四一号木簡には、大斤と小斤の二通りの記載があり、天平二年（七三〇）の年紀が記される。銀や銅を大斤で表示する規定は、七五七年（天平宝字元）に施行された「養老令」にみえるが、それ以前には小斤表示も併用されていたのだろう。

大山崎のインゴットは、共伴する遺物から八世紀末から九世紀初頭と考えられているが、大山崎は淀川から木津川への分岐点で古代の中継港も想定され、以前から備蓄されていたとの見方もできる。六枚が一組で約一二キログラムとなり、葛紐で荷造りされていたと推定される。いまのところ、国内では最古の銅インゴットである。長登銅山の銅インゴットもこのような円盤状をしていたと思われる。

出来のよい銅、よくない銅

正倉院に残る「丹裹文書（たんか）」（反古紙として丹の包み紙に再利用された文書）のなかに、造東大寺司から長門国司に宛てた製銅受領書の下書があり古くから注目されてきた（図58）。内容は、長門から送られてきた製銅二万六四七四斤の品質の悪さを問いただしたものである。換算すると約一八トン弱もあり、その量の多さから大仏鋳造用の原料と考えられている。

この文書では、製銅の種別を熟銅・未熟銅・生銅と区別し、さらに生銅を上品・中品・下品に分別している。熟銅はよく製錬されたもの、未熟銅はいまだ不純物の多いもの、そして生銅は熔解が不完全で、いまだ鉄の分離が完全でない銅鉄合金と理解できる。上品・中品・下品の区別も銅の含有比率によって定められたと思われるが、具体的品質は明らかでない。

なお、二六二二六斤が未熟銅で、生銅一六二一〇斤を加えると熟銅以外が全体の七一パーセントにあたり、かなり多いといえる。それらは、今後、熟銅に仕上げて納めるよう指示している。

銅山を支える体制

さて、このように銅の生産がおこなわれていたわけだが、工人たちを働かせるには生活の諸物資が必要で、長登銅山跡からは大量の庸米（ようまい）・舂米（しょうまい）貢進物木簡が出土している（**図59**）。庸米は労働力の雇役丁・仕丁の食糧、舂米は匠丁および百

造東大寺司牒　長門国司
銭拾柒貫肆佰捌文
十三貫六百文挟抄四人水手十六人并廿人往功（還）
挟抄人別一貫
水手人別六百文　「二斤四両（太）」（異筆）
三貫八百八文廿箇日食料（往）
三貫六百卌文米七石二斗八升直升別五文
五十八文塩八升七合直以二文充三合
百十文海藻五十五斤直斤別二文
右、挟抄功食、并部領舎人食料如件、
銅弐万陸仟肆佰柒拾肆斤
一万九百十五斤八両欠六百五十一斤八両　枚百六十二（二）破一

七千六百卅八斤熟銅枚百八十八□
二千六百廿六斤末（未）能熟銅枚七十四破一
已上中、従国解斤数所、欠六百五十一斤八両
右、有末（未）熟銅数、自今以後、能熟上品銅可進、
一万六千二百十斤生銅枚一千四百十　破卅三
上品　千三百廿三斤　中品　二千二百五十八斤
下品　一万二千六百廿九斤已上斤数如員（〃勘）
右熟銅、従国解文所欠、問其由、君長等申云、常権官不懸
他権懸、縁此末明、

＊赤字は、集計上、欠落と思われる数値を記入したもの

図58●銅受領書案（正倉院丹裏文書）
造東大寺司から長門国司に宛てた銅受領書の下書。右半は輸送の人件費・食費を記し、左半で品質ごとの数量を記し、品質のよくないものが多いと指摘している。大仏鋳造用の銅と思われる。

姓身役の食糧とされる。

木簡の書式からすると、これらの米は大蔵省・民部省を経由せずに直接納入されたとみられ、ここに国直轄の官衙があったことをあらためて証明している。

庸米付札には、出荷場所として渚鋤里（䜌吉里・雪伎里）、佐美郷槻原里、佐美郷、佐美里、厚佐郡久喜郷、荒穂郷などが記され、舂米は美祢郷・岑郷から納入されている（図60）。渚鋤・佐美・美祢（岑）は美祢郡内の郷名で、郡名を略した書き出しとなっているが、渚鋤里は長登銅山跡から南の旧美東町域に、佐美郷は長登銅山跡から北の旧美東町赤郷から萩市三見にかかる一帯に比定できるので、庸米は近隣から搬入されていたことがわかる。これに対して、舂米は美祢郷からの搬入で、美祢郡衙（美祢市大嶺町下領・上領に比定）近辺で精米

（右）一五〇号木簡
佐美郷槻原里庸米六斗
天平三年九月

（中）二七五号木簡
佐美郷庸米六斗

（左）六一六号木簡
槻原里米六斗

図59●佐美郷からの庸米付札
「槻原里」は佐美郷内。いずれも6斗で、正丁2人分の庸米であろう。

されたと推測される。

古代史研究者の竹内亮氏は、一八六号木簡の「送佐美郷庸卌五斛九斗」（佐美郷から送られた庸米が四五石九斗）という記述から、正丁の税が三斗とすると、佐美郷一五三人分の税は、一郷五〇戸として一戸あたり正丁三人分の庸米が徴収されたとみる。また、四二三号木簡の「合百六十九斛六斗　十月一日送美祢郡□」の量「百六十九斛六斗」は、四郷分の庸米にあたると試算して、大量の庸米は雇役、舂米は雇役匠丁の食糧と考え、古代官営鉱山が雇役制であったとする。そして、雇役による官採体制の事業運営は国郡司がおこなったと考察している。

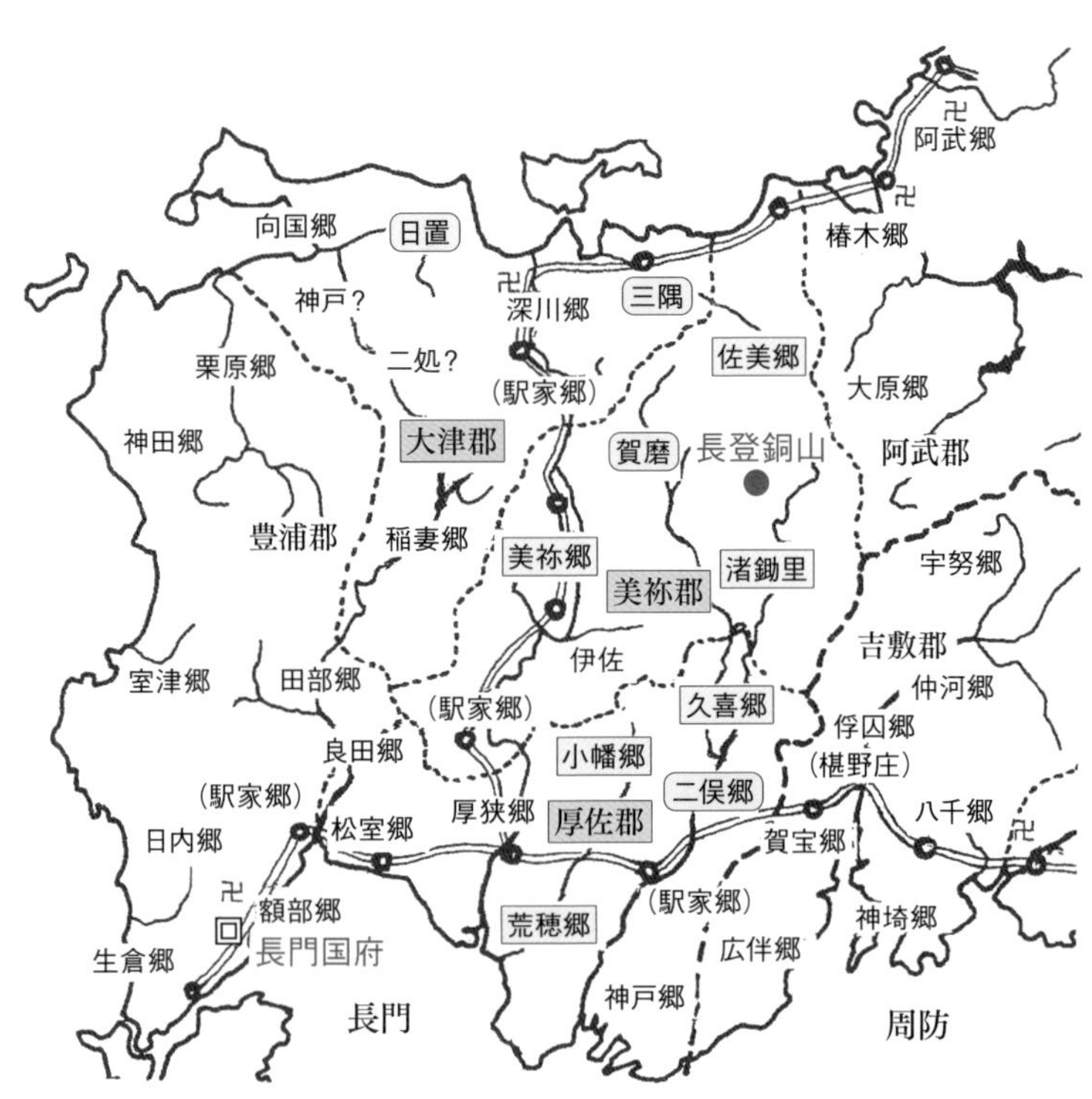

図60 ● **長門国の地名地図**
黄緑・四角枠の地名は，長登銅山出土木簡に記載がある。青・隅丸枠の表示は氏族名など。庸米は近隣から、舂米は美祢郷から供給された。

4　流通・運搬の実状

製銅の配分先

製銅付札木簡に記載された宛先からは製銅の供給先もわかる。長門国司の役人である「掾」（三等官）や「少目」（四等官）をはじめ、軍団を統轄するために設置された官職（令外官）の節度使の役人である判官犬甘や豊前門司・二□［俣カ］郷銭司料といった公的機関がみられ、また家原殿・太政大殿・大殿・左官膳大伴□・□官乙□・官布直・□笠殿などの個人名が記されたものもある。

先にみた集計帳簿と考えられる大型の三四一号木簡は「掾殿」宛になっており、製銅の送付量は大斤換算で一五三一斤＝約一トンという相当な量になる。末尾にある「朝庭不申銅」を「朝廷に対して経費を申請しない銅」という意味にとらえ、長門国の役人が、外部からの複数の注文に対応したとする解釈がある。

「節度使判官犬甘」（二〇一号木簡、**図61右**）は、七三二年（天平四）に設置された山陰道節度使多治比真人縣守の判官とみられる。判官四人の内一人は、『続日本紀』に巨會倍朝臣津嶋と記されるが、後の三人の姓氏は記載がない。山陰道節度使は石見国に駐在し、因幡・伯耆・出雲・石見・安芸・周防・長門国を管轄していたが、七三四年（天平六）に廃止となる。

「豊前門司」宛の木簡は、三九一号木簡など一二点が出土している（**図53参照**）。豊前門司は関門海峡を通航する船の通行証を検閲した機関で、対岸の本州側には「長門関」があった。ちなみにこの木簡は、それまで門司の初見史料が七九六年（延暦一五）だったのを約六〇年もさかのぼる史料となった。豊前国は、『豊前国風土記逸文』にもみえるように、古くから香春岳（かわらだけ）を中心に銅を産出したとみられるが、この時期には銅資源が枯渇していたのであろう。長登銅山の銅が門司を通じて大宰府に配給されたと考えられている。

太政大殿宛（四六九号木簡、**図61左**）は、右大臣藤原不比等が死後に賜った「太政大臣」を示すとされ、不比等の資産を管理した光明皇后の元に送られたと解釈されている。光明皇后は大仏造立に関して多大な貢献をしており、皇后宮からの一万一二二二斤の上吹銅の寄付や「施薬院」「非田院」の運営など、大仏造営事業にかかわる光明皇后の功績は顕著である。天平初年ごろ、すでに光明皇后のもとに多くの製銅が備蓄されていたので、五〇〇トンの銅を使うと

二〇一号木簡
（表）節度使判官犬甘卌斤枚一
（裏）額田部□□□　四月功

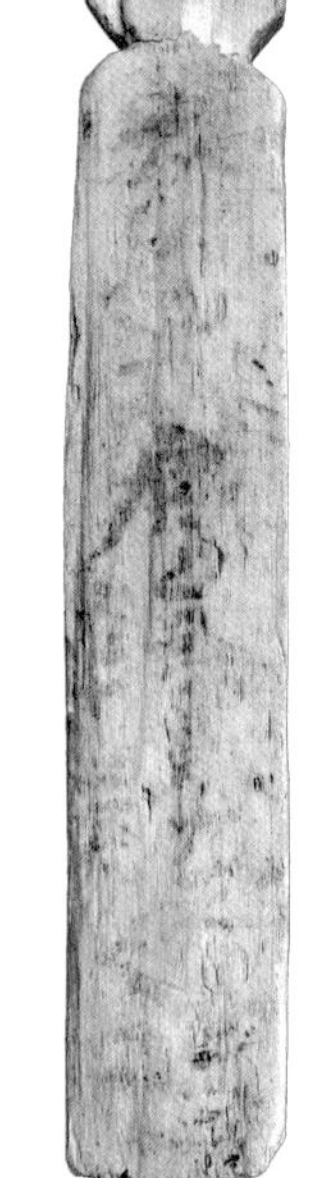

四六九号木簡
太政大殿□□首大万呂　上□
五十三斤枚二

図61●配分先のわかる木簡①

いう、とてつもない大仏鋳造が企画できたのであろう。この木簡はまさしく長登銅山の銅が大仏に使われたことを示している。

「家原殿」宛(一八四号木簡など、**図62**)も六点出土している。家原は、『続日本紀』の和銅五年(七一二)九月にみえる故左大臣多治比真人嶋の妻「家原音那」の家系とみられる。音那は、夫の死後墳墓を守り貞節を守った賢女として、邑五十戸と連姓を賜った。七一三年(和銅六)六月に連姓を賜った従七位上家原河内や正八位上家原大直なども同族とみられる。

河内国の大県郡(現・大阪府柏原市)には、聖武天皇が行幸して盧舎那仏を拝したとされる智識寺がある。隣接して家原寺など河内六寺があり、この大県郡から多治比氏の本拠地である丹比郡(現・大阪府堺市美原区)一帯の銅工人たちとの関連が注目される。後に河内鋳物師と称される人びととの前身であろうか。

二〇一七年に新たに文字のある木簡一点が発掘された。「家令余五十五」とあり、宛先である「家令(=貴族の家政機関職員)」の「余」は、左大臣橘諸兄家の余義正で、諸兄=葛城

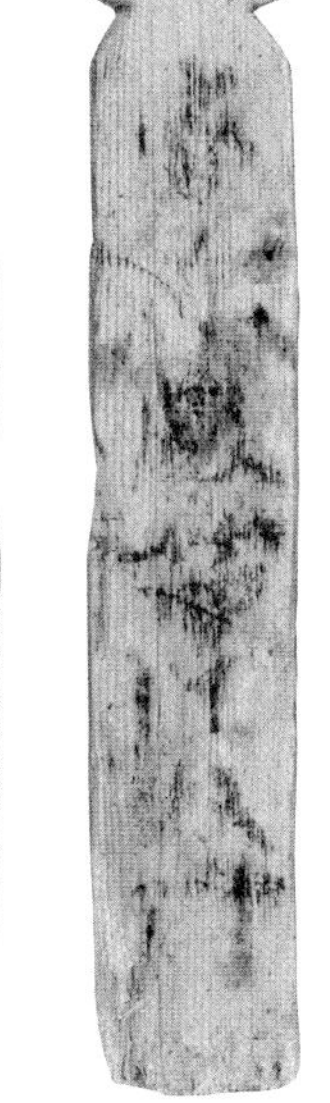

図62●配分先のわかる木簡②

王家に送る製銅「五十五斤」の付札とされた。

以上、奈良時代初期の木簡によると、長登銅山の製銅は、国家的需要と官人の個別需要が複合しており、公的利用のほかに個人配分が頻繁におこなわれていたといえる。しかし、それは銅資源が豊富な時期にかぎられていたといえるだろう。なお、これら宛先（注文先）を記す製銅付札木簡は、経費の請求先を明示したものとする解釈もある。

製銅の輸送

三三八号木簡（図63）は輸送にかかわる木簡である。「銅駄事」つまり輸送に、駄馬一〇頭の種類と持ち主あるいは引率者の名、馬丁一〇人の氏名、引率の統率者である酒人連大麻呂の名を記し、天平二年（七三〇）閏月廿二日の日付がある。

この木簡に折り重なって出土したのが、先にみた大型の三四一号木簡だ（図54参照）。この二つの木簡は一括出土したことから同時に廃棄されたと解釈でき、荷重量の大斤小斤を合計して大斤換算一五三一斤を駄馬一〇頭で輸送したと考えられる。一駄あたり一五三斤（一〇三キログラム）となるが、『続日本紀』天平一一年（七三九）四月には、「天下の諸国をして駄馬一匹の負える重さ大二百斤を改めて百五十斤を限とせしむ」と一駄一五〇斤（一〇〇キログラム）を規定しているので、ほぼ妥当な荷駄といえる。

ただ「掾」宛に約一トンの製銅を送る三四一号木簡の日付は「天平二年六月廿二日」となっている。天平二年の閏月は六月のつぎであるから、集計整理された一カ月後に出荷されたか、あるいは、日付が同じなので「閏」を書き誤った可能性があり、後者が妥当であろう。

実際の届け先は長門国司であろうから、輸送ルートは西方の美祢郡衙（現・美祢市大嶺町付近）を経由し、後は長門小路から山陽道を通って長門国府（長府）へ陸送したと推定される。

大仏鋳造に使われた銅の、長門国から造東大寺司への輸送ルートはどこであったろうか。先の「丹裏文書」（**図58参照**）の前半に輸送関係の記載があり、船で二〇日航行して奈良の都へ運

三三八号木簡

銅駄事　凡海部豊□　黒毛草馬口額田マ赤人　日置マ廣足　驪□口阿曇マ赤人　額田マ麻呂赤毛草馬口日置□□□
大神マ□〔徳カ〕麻呂　赤毛草馬口額田マ石□　忍海マ鳥身　黒毛草馬額田マ□□　□□マ□□驪草馬口〔紀カ〕□□□
矢田マ千依　鹿毛口秦人マ足国
矢田部□麻呂　鹿毛草馬口額田マ少人　矢田マ少縫賣　驪草馬口若桜部茅麻呂　□□マ意岐嶋青毛草馬口□□□□

（裏）

右人員十駄十部領酒人連大麻呂　天平二年王月廿二日

図63 ● 製銅の輸送にかかわる木簡
長さ90.3cm、幅7.0cmの大型木簡。出土時は全体が黒色で、文字があるとはわからなかった。

んだことが知られる。製銅約一八トンの輸送には、挾抄（きょうしょう）（舵取り）四人、水手（かこ）（船員）一六人とあり、別に役人の舎人二人がいて、船二艘仕立てで輸送したと読める。挾抄が四人なので、『延喜式』の輸送規程などから、船四艘からなる船団も想定されている（**図64**）。

その際、出荷した港はどこだろうか。長登採銅所から瀬戸内への最短距離は、山口市小郡町柳井田から仁保津（にほづ）周辺がもっとも至便といえる（**図65**）。後の八二五年（天長二）に周防鋳銭司（すほうじゅせんし）が周防国吉敷郡に開設され、また八世紀後半には椹野川（ふしのがわ）河口に東大寺荘園が成立することを考えると、銅原料入手の至便さや造東大寺司との関係などが、山口市小郡に積出港を想定する有力な傍証となる。

なお、近年、山口市小郡上郷の仁保津

図64 ● 銅の輸送ルート

『延喜式』には、都まで安芸から19日、長門から21日とあり、「丹裏文書」（図58）にある20日は、長門と安芸のあいだにある小郡からの出発が妥当である。瀬戸内海沿岸を寄港しながら、淀川・木津川を航行して、奈良坂を越えて東大寺へというルートが考えられる。

から出土していた緑色岩の石板が公開された。「餝磨郡因達郷秦益人石　此石者人□□□石在」と刻書され、播磨国の秦氏が来たことがわかる。石板の用途は過去に砥石と報道発表されたが、近年は分銅とされた。この石板には北斗七星も刻印されていることから、長さ二三センチで少し大きいきらいもあるが、いわゆる温石ではないかと思われる。いずれにせよ、播磨国との交流を物語る貴重な資料で、播磨国人が製銅の輸送にかかわった可能性が考えられる。

ちなみに、東岸にある熊野神社には、東大寺鐘楼の撞木を寄進したという伝説が残る。古代には上郷あたりまで海岸線が入り込んでいたので、港の候補地としては有力である。

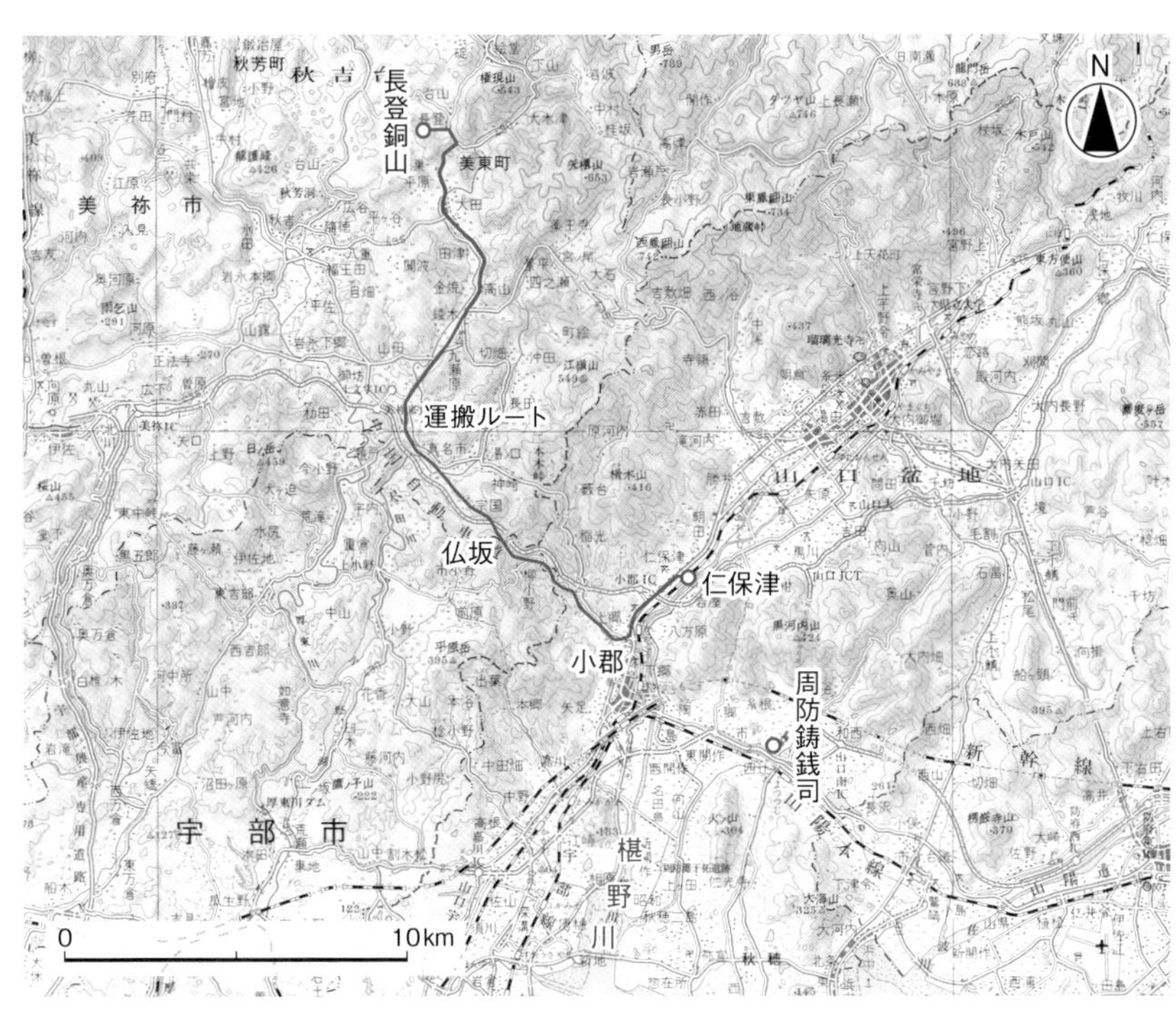

図65 ● 長登銅山から港までの輸送ルート
長登銅山から小郡までの道のりは約20㎞。古代の椹野川河口は現在よりも広く、新山口駅付近まで入江であったようだ。周防鋳銭司跡も近い。

第5章　その後の長登銅山

1　その後の長登銅山

銅の枯渇・鉛の生産

『日本三代実録』に、貞観元年（八五九）二月、長門国医師従八位下海部男種麻呂が採銅使に任命され、貞観五年（八六三）一〇月、長門国採銅所の雑色（使用人）四人が勘籍に預かる（徭役を免除される）という記事がある。採銅使・採銅所が史料に登場する初見である。九世紀半ば以降、国家的に銅生産の強化を図ろうとしたことがわかる。なお、長登銅山がこの長門国採銅所として誤りないだろう。

さらに数年後、山城国に岡田山採銅使を配置し、備中・備後にも採銅を命じている。貞観一八年（八七六）三月には、長門国採銅使兼鋳銭司判官弓削秋佐が、長門国の百姓が私的に銅で雑器を鋳造し民間に交易をおこなっていると訴えている。第3章でみた、大切ⅣC区で出土した鍋鋳型は、民間の私鋳を物語っている。

元慶年間（八七七〜八八四）には、美作国や豊前国企救郡、石見国美濃郡都茂丸山で鉱石が産出し、備中国に採銅使が任命される。仁和元年（八八五）には、第４章でみたように、豊前国では「いまだ術を習わず」として、長門国から採掘・製錬技術者である掘穴手・破銅手が豊前国採銅使に派遣される。長門国が銅生産の先進的地位にあったことがわかる。

ただし、第３章でみたように、製錬施設は大切ⅡＣ・ⅢＣ区から西側の大切ⅣＣ区に移り、炉跡はおもに鉛製錬炉とみられる火床炉が多く、鉛製錬が主体となっていた。それは皇朝十二銭でも鉛の含有量がしだいに多くなることと符号する。

長門国特産の顔料「胡粉・緑青・丹」

長登銅山跡では緑青の細粒が出土しており、色目の鮮やかな孔雀石で緑青生産もおこなわれていたと推定される。『延喜式』の「諸国年料雑物」には、長門国特産として「胡粉・緑青・丹」が記された（江戸時代には、滝ノ下・大切山に産出する孔雀石を原料として、名産「瀧ノ下緑青」が知られることになる）。

また、長登銅山から南に二キロ行った、瀬戸内海への道筋に平原第Ⅱ遺跡がある。ここから二間×九間の長大な掘立柱建物跡と鉛製練炉が数基みつかった。一緒に出土した須恵器には「大」「西」の墨書があり、転用硯なども出土していることから、平安時代の役所跡と思われ、長門国採銅所の一部である可能性がある。ここから鉛が付着した土師器甕片が出土し、炭酸鉛が厚さ二〜五ミリ程度甕の内面に付着している。これは長登銅山跡大切ⅣC区でも出土している。甕に金属鉛と酢を入れて加熱すると、鉛が酸化して炭酸鉛となり、白い粉の鉛白が採取できる。この鉛白は顔料「胡粉(ごふん)」である。さらに、これを加熱すると赤橙色の鉛丹(えんたん)、いわゆる「丹」になる。また、緑青と炭酸鉛とをニカワで塗布して焼成した緑釉陶器が多量に出土し、遺跡の山手できめ細かい白色粘土を貯蔵した大きな土坑がみつかった。緑釉陶器の胎土のようだ。長登銅山の緑青・炭酸鉛を使用した緑釉陶器「長門瓷器(ながとしき)」を生産した可能性がある。

2　長登銅山の保存と活用

長登銅山跡は二〇〇三年に国史跡に指定され、約三五ヘクタールの保存が図られ、史跡の公有化が進んでいる。二〇〇九年には長登銅山文化交流館が開館し、銅山跡見学者のガイダンス施設として機能し、現在、年間八〇〇〇人ほどの見学者がある。史跡内は鬱蒼とした森林だが、採掘坑などは見学でき、年に数回、坑内見学のツアーも開催されている。

古代銅生産を学習できる国内唯一の施設といえ、毎年一〇月に開催される銅山まつりでは、古代銅製錬の復元実験が継承されており、古代の技術に接することができる。

調査研究では、役所跡や工人たちの住居跡の検出が懸案事項となっており、今後の調査に託される。また、先にふれた鉱産物を原料とした古代顔料生産や緑釉陶器製造の解明が、今後の長登銅山跡や平原第Ⅱ遺跡の調査で期待できる。

参考文献

池田善文　一九七四「古代長登（奈良登）銅山遺跡について」『温故知新』創刊号　美東町文化研究会

池田善文　一九八二「古代長門国採銅所の予察」『山口県地方史研究』四八号　山口県地方史学会

池田善文　一九九三「古代銅製錬の実態と若干の問題点」『長登銅山跡Ⅱ』美東町教育委員会

池田善文　二〇〇四「古代の美祢」『美東町史　通史編』美東町

池田善文　二〇〇四「須恵器」「長登銅山跡」『山口県史資料編　考古2』山口県

池田善文　二〇一〇「古代銅製錬技術の予察」『山口考古』三〇号、山口考古学会

池田善文　二〇一一「講座金属史　古代における銅生産」『歴史と地理』六四五号　山川出版社

池田善文・森田孝一　一九九六「山口県美東町平原第Ⅱ遺跡」『日本考古学年報』四七号

岩崎仁志　二〇〇一「山口県における古代銅生産関連遺跡の調査」『古代の銅生産』美東町教育委員会

植田晃一　一九九七「鉱業の源流を訪ねて」『日本鉱業史研究』三四号

植田晃一　二〇〇三「酸化銅鉱を原料とする銅の鉄品位は何故高い」『日本鉱業史研究』四六号

大山崎町教育委員会　二〇一一『大山崎町文化情報　２００９』大山崎町教育委員会

亀田修一　二〇〇六「日本古代の初期銅生産に関する覚書」『東アジア地域における青銅器文化の移入と変容および流通に関する多角的比較研究』国立歴史民俗博物館

小池伸彦　二〇〇四『古代の非鉄金属生産の考古学的研究』Ｈ一二～一五年科学研究費補助金研究報告書

櫛木謙周　二〇〇四「生産・流通と古代の社会編成」『日本史講座2　律令国家の展開』東京大学出版会

小林行雄　一九六二『古代の技術』塙書房

斎藤努・高橋照彦・西川祐一　二〇〇二「古代銭貨に関する理化学的研究――「皇朝十二銭」の鉛同位体比分析および金属組成分析」『IMES DISCUSSION PAPER SERIES』NO2002-J　日本銀行金融研究所

栄原永遠男　二〇〇一「瀬戸内海水運に関する一史料の検討」『山口県史の窓』八（『山口県史資料編　古代』付録）山口県

佐藤信　二〇〇二『出土史料の古代史』東京大学出版会

竹内亮　二〇一〇「古代官営採銅事業と雇役制――長登銅山跡出土の庸米荷札木簡をめぐって」『律令国家史論集』塙書房
竹内亮　二〇一七「大仏料銅産出の歴史的前提」『東大寺の新研究2　歴史のなかの東大寺』法藏館
竹内亮　二〇二〇「日本古代の銅生産と流通」『考古学研究』二六四号　考古学研究会
巽淳一郎　一九九三「長登製銅所出土土器について」『長登銅山跡Ⅱ』美東町教育委員会
田中晋作　二〇二一「古代山口と史跡周防鋳銭司跡」『古代テクノポリス山口』山口大学
鶴田栄一　二〇〇一「古代の顔料と長登の紺青・緑青――銅系顔料を中心として」『古代の銅生産』美東町教育委員会
成瀬正和　二〇〇一「正倉院宝物と長登銅山――化学的調査結果などから」『古代の銅生産』美東町教育委員会
葉賀七三男　一九八三「古代長門の銅生産について」『山口県地方史研究』五〇号
畑中彩子　二〇〇三「長登銅山遺跡出土の銅付札木簡に関する一試論」『木簡研究』二五号
久野雄一郎　一九九〇「東大寺大仏の銅原料についての考察」『考古学論攷』一四冊
松村恵司・栄原永遠男編　二〇〇七『和同開珎をめぐる諸問題（一）』奈良文化財研究所
八木充　一九六六「山陽道の銅産と鋳銭司」『内海産業と水運の史的研究』吉川弘文館
八木充　二〇〇〇「奈良時代の銅の生産と流通――長登木簡からみた」『日本歴史』六二一号
八木充　二〇〇九『日本古代出土木簡の研究』塙書房
山口英男　二〇一〇「長登銅山の「経済効果」と民衆」『山口県史の窓』二一（『山口県史通史編　原始・古代』付録）
山根謙二　二〇二一「長登銅山跡の調査」『古代テクノポリス山口』山口大学
吉川竜太、本村慶信、中西哲也、井澤英二　二〇〇五「古代長登銅山の鉱石と製錬滓について」『日本鉱業史研究』五〇号
吉村和久・池田善文・栗崎弘輔・岡本透・藤川将之・松田博貴・山田努　二〇一三「秋吉台長登銅山大切坑石筍に記録された硫化鉱製錬」『月刊地球』三五巻一〇号　海洋出版

長登銅山跡

・山口県美祢市美東町長登地内

東西1・6キロ、南北2キロの範囲内に、奈良時代から近代までの多数の採鉱跡と製錬跡が点在し、この内、花の山から榧ケ葉山・二つ間歩の尾根にかこまれた大切谷の約35・3万平方メートルが古代の銅山跡として二〇〇三年に国史跡に指定されている。

　史跡内に案内板があり、日本最古の坑口や大切製錬遺跡、花の山製錬所跡、山神社などが見学できるが、山の斜面や坑口など危険な箇所もあるので、長登銅山文化交流館が開催している左記の史跡見学ガイドを利用するとよい。

長登銅山跡

長登銅山文化交流館（大仏ミュージアム）

・美祢市美東町長登610
・電話　08396（2）0055
・開館時間　9：00〜17：00（受付16：30まで）
・休館日　月曜日(祝日の場合は翌日)、12月28日〜1月4日
・入館料　大人300円、小中学生150円
・交通　JR新山口駅から東萩駅前行きバスで40分「長登銅山入口」下車、徒歩10分。車で中国自動車道「美祢東JCT」から小郡萩道路（無料）へ「大田IC」から10分

長登銅山跡出土遺物や鉱石を中心に、関連のある末原須恵器窯跡、寛永通宝鋳銭の長州藩銭座跡・銭屋遺跡、平原第II遺跡の出土品などを展示する。

史跡見学ガイドもおこなっており、①古代の鉱山跡（往復1時間）、②近世・近代鉱山跡（一周30分）がある（要事前予約）。

鋳造体験場を隣接し、独自の図案を作製してコインを錫で鋳造する体験もできる（要事前予約、料金一人五〇〇円）。

また、毎年一〇月第四日曜日に「銅山まつり」が開催され、長登古代銅製錬愛好会が古代の銅製錬炉を復元し、銅製錬を実演する。銅製錬を理解するのに格好の機会である。そのほかフイゴ踏みや鋳造体験、史跡見学会もおこなっている（体験活動は要事前申込）。

長登銅山文化交流館（大仏ミュージアム）

遺跡には感動がある

——シリーズ「遺跡を学ぶ」刊行にあたって——

「遺跡には感動がある」。これが本企画のキーワードです。

あらためていうまでもなく、専門の研究者にとっては遺跡の発掘こそ考古学の基礎をなす基本的な手段です。また、はじめて考古学を学ぶ若い学生や一般の人びとにとって「遺跡は教室」です。

日本考古学では、もうかなり長期間にわたって、発掘・発見ブームが続いています。そして、毎年厖大な数の発掘調査報告書が、主として開発のための事前発掘を担当する埋蔵文化財行政機関や地方自治体などによって刊行されています。そこには専門研究者でさえ完全には把握できないほどの情報や記録が満ちあふれています。しかし、その遺跡の発掘によってどんな学問的成果が得られたのか、その遺跡やそこから出た文化財が古い時代の歴史を知るためにいかなる意義をもつのかなどといった点を、莫大な記述・記録の中から読みとることははなはだ困難です。ましてや、考古学に関心をもつ一般の社会人にとっては、刊行部数が少なく、数があっても高価なその報告書を手にすることすら、ほとんど困難といってよい状況です。

いま日本考古学は過多ともいえる資料と情報量の中で、考古学とはどんな学問か、また遺跡の発掘から何を求め、何を明らかにすべきかといった「哲学」と「指針」が必要な時期にいたっていると認識します。

本企画は「遺跡には感動がある」をキーワードとして、発掘の原点から考古学の本質を問い続ける試みとして、日本考古学が存続する限り、永く継続すべき企画と決意しています。いまや、考古学にすべての人びとの感動を引きつけることが、日本考古学の存立基盤を固めるために、欠かせない努力目標の一つです。必ずや研究者のみならず、多くの市民の共感をいただけるものと信じて疑いません。

二〇〇四年一月

戸沢充則

著者紹介

池田善文（いけだ・よしふみ）

1948年、山口県生まれ。

立正大学文学部史学科卒業。

美祢市文化財保護課長、美祢市長登銅山文化交流館館長を経て、現在、美祢市教育委員会遺物整理作業員、日本鉱業史研究会理事、美東町文化研究会会長。

おもな著作 『日本の遺跡49　長登銅山跡』（同成社、2015年）、共著『歴史のなかの金・銀・銅』（勉誠出版、2013年）、共著『宇部・小野田・美祢・厚狭の歴史』（郷土出版社、2005年）、「古代銅生産の様相と問題」『日本鉱業史研究』33号（日本鉱業史研究会、1996年）ほか。

写真提供（所蔵）
朝日新聞社：図1／Mafue（Wikimedia Commons）：図2／美祢市教育委員会：図4・6・20・21・24～26・28・30・41・43～47・52・54・59・62・63／美祢市長登銅山文化交流館展示（美祢市教育委員会）：図9・32～34・37・38・40・48～51・53・55・56・61／九州大学総合研究博物館・久間英樹：図15／大山崎町所蔵：図57
上記以外は著者

図版出典（一部改変）
図10（上）：小倉勉 1921「長登鉱山及び大田鉱山調査報文」『地質調査所報告』82号／図10（下）：加藤武夫 1937『新編鉱床地質学』冨山房／図65：国土地理院20万分の1地勢図「山口」／以下、著者作成＝図5：1989『温故知新』16号、図7・8：2010『長登銅山文化交流館展示図録』、図11：2007『史跡長登銅山跡保存管理整備基本構想』、図13：1994『月刊文化財』374号、図19（上）：1998『月刊文化財』421号、図19（下）・27：1993『長登銅山跡Ⅱ』、図22・23：2004『山口県史資料編考古Ⅱ』、図29：1998『長登銅山跡Ⅲ』

シリーズ「遺跡を学ぶ」164

東大寺大仏になった銅　長登（ながのぼり）銅山跡

2024年 2月 5日　第1版第1刷発行

著　者＝池田善文

発　行＝新 泉 社

東京都文京区湯島1－2－5　聖堂前ビル
TEL 03（5296）9620 ／ FAX 03（5296）9621
印刷／三秀舎　製本／榎本製本

©Ikeda Yoshifumi, 2024　Printed in Japan
ISBN978－4－7877－2334－5　C1021

本書の無断転載を禁じます。本書の無断複製（コピー、スキャン、デジタル化等）ならびに無断複製物の譲渡および配信は、著作権法上での例外を除き禁じられています。本書を代行業者等に依頼して複製する行為は、たとえ個人や家庭内での利用であっても一切認められていません。

シリーズ「遺跡を学ぶ」

20
大仏造立の都　紫香楽宮
小笠原好彦　1500円+税

なぜ聖武天皇は近江の山深い里に離宮を造り、大仏造立を計画したのか。滋賀県甲賀市宮町の水田の下に埋もれていた紫香楽宮の発掘調査の成果をふまえ、東国への行幸、恭仁京・難波京遷都、紫香楽宮へと彷徨する聖武天皇を追い、紫香楽宮造営と大仏建立の詔の意味を考える。

21
律令国家の対蝦夷政策　相馬の製鉄遺跡群〈改訂版〉
飯村均　1700円+税

七世紀後半から九世紀にかけて、律令国家は、蝦夷の激しい抵抗を受けながらも東北支配を拡大していった。それを支えたのが国府・多賀城の後背地、福島県相馬地方の鉄生産である。大量の武器・農耕具・仏具を供給するために推進された東北の古代製鉄の全貌を明らかにする。

90
銀鉱山王国　石見銀山
遠藤浩巳　1500円+税

戦国時代から江戸幕府成立にいたる一六～一七世紀、石見銀山が産出した大量の銀は中国、東アジアへと広く流通し、当時ヨーロッパで描かれた地図にも「銀鉱山王国」と記された。「石銀（いしがね）千軒」とよばれるほど栄えた鉱山町を発掘調査が明らかにする。

144
日本古代国家建設の舞台　平城宮
渡辺晃宏　1600円+税

唐の律令制を取り入れ独自の律令国家形成を推し進めた八世紀の古代日本の政治・行政の中枢、平城宮。律令国家建設の生きた証といえる、特別史跡・世界遺産平城宮跡の真の姿を、六〇年におよぶ継続的な発掘調査の成果から明らかにする。

157
たたらの実像をさぐる　山陰の製鉄遺跡
角田徳幸　1700円+税

日本の鉄は、明治時代初期まで九割以上が中国地方で生産されていた。神秘的な鉄づくり、日本刀の材料となる玉鋼づくりという、たたらの画一的なイメージを超えるその実像を発掘調査と操業当時の記録から明らかにしていく。